西安石油大学优秀学术著作出版基金资助

鄂尔多斯盆地致密储层 CO_2 驱油气窜规律及埋存

张娟 著

中国石化出版社

图书在版编目（CIP）数据

鄂尔多斯盆地致密储层 CO_2 驱油气窜规律及埋存 / 张娟著
.—北京：中国石化出版社，2021.7
ISBN 978-7-5114-6102-5

Ⅰ.①鄂…　Ⅱ.①张…　Ⅲ.①鄂尔多斯盆地-致密砂岩-砂岩储集层-气窜-研究　Ⅳ.①TE33

中国版本图书馆 CIP 数据核字（2021）第 114647 号

中国石化出版社出版发行
地址：北京市东城区安定门外大街 58 号
邮编：100011　电话：(010) 57512500
发行部电话：(010) 57512575
http: //www.sinopec-press.com
E-mail：press@sinopec.com
北京科信印刷有限公司印刷
全国各地新华书店经销
*
710×1000 毫米 16 开本 11.25 印张 191 千字
2021 年 9 月第 1 版　2021 年 9 月第 1 次印刷
定价：58.00 元

前　言

非常规油藏开发引起越来越多学者的重视，成为国内外勘探开发的热点话题。鄂尔多斯盆地作为典型的超低渗储层，石油资源储量丰富、分布广泛、开采难度大、水驱采收率较低，迫切需要一种新的提高原油采收率的开采方式，因此被诸多学者广泛关注。

本书针对鄂尔多斯盆地吴起地区开展 CO_2 驱油提高采收率及埋存研究。吴起油区为储层非均质性较强的超低渗透油藏，前期压裂开采发育天然裂缝及水利压裂裂缝，注气必然存在气窜等问题，而一旦发生气窜，采收率必然降低。书中从 CO_2 的性质与原油的相互作用出发，利用物理模拟及数值模拟的方式从混相驱与非混相驱、注采层位、注气强度、注气方式、裂缝发育程度等方面进行注 CO_2 驱油气窜规律研究，分析延缓气窜、提高原油采收率的方法；对 CO_2 国内外地质埋存项目、埋存机理、影响因素进行对比研究。通过本书的内容，读者可以了解裂缝发育的超低渗透油藏的气窜规律及其对应的注 CO_2 开采的最佳驱油方式，为我国超低渗砂岩油藏的剩余储量挖潜提供指导意义，增加社会经济效益，满足国家能源安全的需要；并对 CO_2 埋存目前面临的挑战有进一步的了解。

本书主要介绍了裂缝发育的超低渗储层在连续注气、脉冲注气、周期注气、气水交替驱及泡沫驱等不同驱替方式下的气窜规律，共分六章，由张娟编著。书中包含了作者于西北大学攻读博士学位期间及在西南石油大学攻读硕士期间的许多研究成果，感谢李士伦教授、张茂林教授、梅海燕教授和周立发教授在作者学习期间的教育和帮助，在此一并表示衷心感谢；此外感谢长庆油田研究院张晓辉工程师在百忙之中对书稿的审阅。

本书受到西安石油大学优秀学术著作出版基金资助，在本书完稿之时，正逢西安石油大学迎来70年校庆，谨以此书表达对70年来辛勤耕耘、默默奉献，为祖国石油工业及石油教育事业做出贡献的老师们致敬。是他们的不懈努力、知识积累、传道授业，建立了如今的成绩，在此对各位老师和先辈表示衷心的感谢。

由于作者水平和学识有限，加之时间仓促，书中难免存在这样或那样的不足和错误，请广大师生和读者批评指正。

目　　录

1 绪 论

1.1 概述

提高采收率是油田开发过程中永恒的课题。提高采收率的方法有多种，主要包括水驱、化学驱、热驱、气驱等等。由于近些年国际原油价格低迷，西方多国提高采收率的项目也部分暂缓，但是注气驱由于其显著的经济效益，发展趋势良好。尤其是 CO_2 驱，提高采收率程度最高。

中国大部分油田为陆相沉积，储层非均质性强，原油黏度相对较高，油层开采过程中含水上升快，因此采收率不高，致使提高采收率技术成为石油工业继续发展的迫切任务之一。随着人们物质生活需求的不断提高，东部常规油田的产油量不断下降，大量学者开始聚焦于西部的低渗透非常规油藏。低渗透油藏是世界上最重要的油藏类型之一，石油资源储量丰富、分布广泛，主要分布在墨西哥及中国，目前约占全球低渗透油藏剩余储量的51%，此外在阿尔及利亚、美国、埃及等15个国家也均有分布，如图1–1所示。据统计，世界剩余探明储量中低渗透石油储量占全世界石油剩余储量的五分之一，约为 349.5×10^8t。低渗透油藏也是我国最主要的油藏类型，其石油资源量为 370×10^8t，约占总资源量的2/3，储量丰富、挖潜潜力大。鄂尔多斯盆地是我国典型的低渗透油藏，截至2016年，资源评价结果显示，盆地石油总地质资源量为 146.50×10^8t，盆地陕北地区中生界已

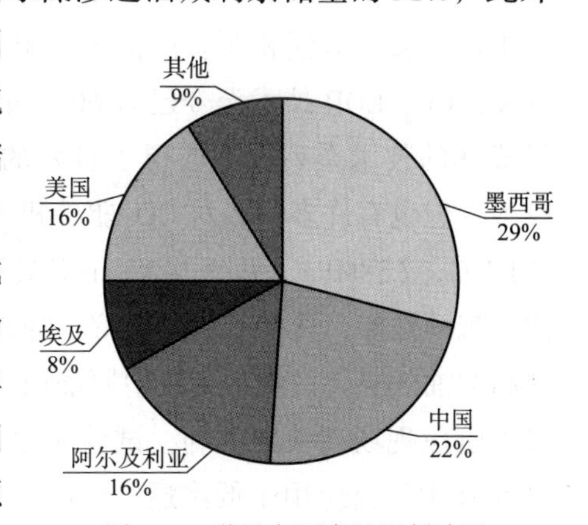

图 1–1 世界主要产油国低渗透油藏剩余储量分布图

探明的石油储量为 52.6×10^8t，其石油储量主要集中在陕北地区延长组的超低渗透储层中（渗透率小于 $1\times10^{-3}\mu m^2$），具有“低丰度、低渗透、低产量、低油藏压力”的“四低”特征。注水开发吸水能力差、储层压力保持水平较低，难以建立有效的驱替压力系统，水驱采收率平均不到 15%，所以迫切需要一种新的提高原油采收率的开采方式。我国提高采收率的研究以化学驱发展较为迅速，受气源的影响，气驱发展较缓慢。据统计，我国适合 CO_2 混相驱的地质储量占总地质储量的 15.4%。国内外室内研究及生产实践表明，CO_2 近混相驱比水驱采收率高 7%~15%，水驱后采用 CO_2 驱也能大幅提高采出程度，因此鄂尔多斯盆地低渗透砂岩储层可以考虑 CO_2 驱油方式。

研究区为非均质性较强的超低渗透油藏，压裂开采存在裂缝，注气必然存在气窜等问题，而一旦发生气窜，采收率曲线增幅变缓、趋于平稳，所以需要从混相驱与非混相驱、注采层位、注气强度、注气方式、裂缝发育程度等方面进行注 CO_2 驱油气窜规律研究，找出延缓气窜、提高原油采收率的方法。通过研究，可以了解裂缝发育的超低渗透油藏的气窜规律及其对应的注 CO_2 开采的最佳驱油方式，为我国超低渗砂岩油藏的剩余储量挖潜提供指导意义，增加社会经济效益，满足国家能源安全的需要。

1.2 CO_2 驱提高采收率的研究现状

随着全球 CO_2 排量增加、环境变暖，人们越来越将注意力放在 CO_2 驱油上。CO_2 驱油技术是将 CO_2 以气体或者液体的状态注入到油层中，使之与原油发生混相或者非混相驱。该技术于 1956 年由沃顿等人提出并应用于实际油藏开发。CO_2–EOR 技术至今已有 60 多年的历史，目前在美国和加拿大已经形成了成熟的技术系列，并取得了良好的经济效益（郭平，2009 年）。国内发展较晚，但也有许多学者对 CO_2 驱油机理进行了广泛的研究。CO_2 在超临界状态（31.1℃，7.38MPa，见图 1–2）下兼具液体和气体性质，密度大、黏度小、易扩散、流动性好，具有萃取、增溶、降黏等作用，并且可以降低原油表面张力，提高驱油效率。目前主要在中原油田、胜利油田、江苏油田、新疆油田等地取得了阶段现场试验的胜利，试验对象的储层条件较好。近十几年来才将 CO_2–EOR 技术研究应用于低渗透油藏的开发，世界上目前利用 CO_2–EOR 技术提高采收率的低渗油藏渗透率一般在（1~10）$\times10^{-3}\mu m^2$，针对小于 $1\times10^{-3}\mu m^2$ 的超低渗透储层研究较少，特别是针对裂缝发育的超低渗砂岩储层注 CO_2 驱油提高采收率研究还不完善，注气提高采收率的关键在于延缓气窜。

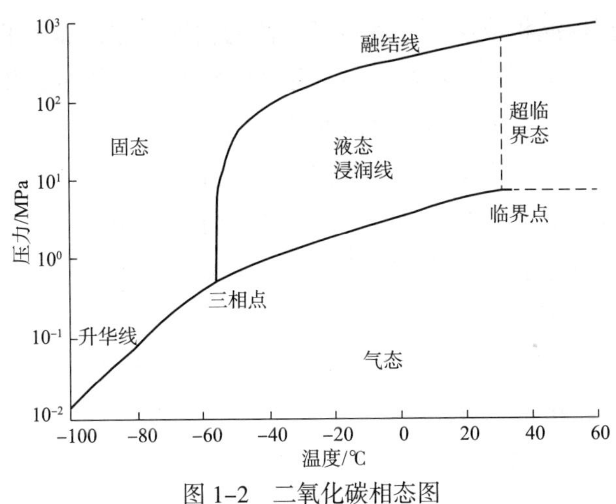

图 1-2　二氧化碳相态图

1.2.1　低渗透砂岩注 CO_2 可行性

在室内物理实验记载中，林杨等人研究得出不同储层条件下，注气开采低渗透油藏较高渗透油藏气窜延缓；刘宾等人在低渗透砂岩注气机理研究中提到：低渗透、超低渗砂岩油藏注气较注水具有注入压力小、储层薄不易气窜、注入气与储层岩石反应小等优点。

BatiRaman 油田原始油气比为 35m³/t，注 CO_2 开采 3 年后，油气比高达 3800~7603m³/t，气窜现象在开发后期非常严重。江苏油田富 14 断块于 1998 年末开始注 CO_2 混相驱油试验，试验前平均单井日产油仅 0.4t，见效后平均单井日产油 8.7t，总体开发效果较好；但试验区西区因非均性强，部分井气窜现象严重，例如：富 66A 井注气投产三周后油气比急升至 600m³/t。国内低渗透油藏中的大庆的长垣油田及吉林油田采用 CO_2-EOR 成效显著，但都是不可避免地发生了气窜，后期气窜的治理成了主要问题。

1.2.2　低渗透砂岩注 CO_2 提高采收率影响因素

1）注入 CO_2 与原油是否混相

1999 年，Siregar S 和 Mardisewojo P 建立了一维砂岩模型，研究了 CO_2 与原油在多孔介质中的相互作用。研究表明，在 CO_2 驱油的过程中，注气前缘 CO_2 不断与原油溶解，随着 CO_2 量的增加，在一定压力下，原油中的轻烃组分被 CO_2 抽提；正是由于原油与 CO_2 流体在流动过程中的重复接触与组分间的传质作用，使 CO_2 与原油接触面两端的分子间作用力达到平衡，进而使界面张力降低，最终可达到近混相或混相，减缓了气体的黏性指进，提高了采收率。2010 年，李东霞等人也发现，通过提升注入压力，加剧 CO_2 的溶解和抽提作用，降低油气界面张力，可以减小油气接触面两端的黏度差异，进而削弱 CO_2 驱油过程中的黏性指进现象。换句话说，混相驱或近混相驱可以延缓气体突破时间、减缓气窜、提高采收率。2012 年，李景梅针对胜利油田高 89–1 块注 CO_2 时注入气体单向突破现象较为突出的问题，分别在混相驱、近混相驱、非混相驱 3 种驱替模式下对气体气窜规律进行了研究。结果表明，非混相驱气窜现象严重，混相驱气体突破最晚，采收率最高。3 种驱替模式下注入气气窜现象均受渗透率、非均质性和裂缝的影响。

2）储层渗透率分布

2012 年，X G Duan 等人研究，发现低渗储层 CO_2 非混相驱过程中的裂缝及生产压差是气窜的主要通道和动力，注入气极易沿着裂缝等高渗带突进，发生气窜，降低采收率。在高渗透储层中，即便有裂缝的存在，它也不会成为气窜的主要因素。2013 年，王建波等人对腰英台油田 CO_2 驱油试验区油井见气规律进行研究。研究发现：裂缝发育方向上的油井优先见气，快速气窜，原油采收率低；控制 CO_2 平面运移方向与速度的主要因素是沉积微相；在同一沉积微相上，物性较好的高渗储层对 CO_2 黏性指进起着重要作用。同年，鲍云波研究了低渗透油藏注 CO_2 驱的气窜规律及影响因素，发现在 CO_2 驱油过程中，随着真实油层非均质性、裂缝发育及注入速度的增加，气窜加剧，采收率降低。2014 年，高慧梅等人采用特征参量法推导了低渗透油藏 CO_2 驱油的相似准则，建立了 CO_2 驱气窜模糊评判预测模型，得到了 CO_2 驱气窜的若干影响因素，其中以裂缝发育程度、油藏非均质性和注气前储层压力与最小混相压力的比值三者尤为重要。同年，杨大庆等人为延长油田开展注 CO_2 驱油矿场试验评价，进行先导性试验研究发现，低渗透油藏 CO_2 驱见气后采收率仍有一段时间大幅上升后趋于平稳，大量原油主要在见气后被采出，直至气窜后采出程度趋于平稳。由此可以看出，在裂缝发育或非均质强的储层中，注 CO_2 驱油气窜现象比较普遍；在超低渗砂岩油藏注 CO_2 驱油时，如何防治气窜，是提高采收率的关键。

3）注气方式

2001 年，Malcolm 借鉴注气吞吐的思想，提出了周期注气的概念，即注入 1 个周期的 CO_2 后关井浸泡，浸泡结束后又开井注气，如此往复；但是他并未对周期注气的作用机理进行详细的论述，也未给出周期注气与提高采收率的关系。2010 年，何应付等人将周期注气应用到特低渗透油藏，针对芳 48 和树 101 区块的特点，开展室内 CO_2 驱油实验研究，对周期注气的驱油潜力进行评价。结果表明：周期注气时，浸泡期间的 CO_2 能充分在原油中溶解，减少孔隙中自由气量，从而减缓气窜，提高原油采收率。2012 年，霍丽君等人对芳 48 油田进行了脉冲注气研究，结果表明：脉冲注气通过间开间注的注气方式，在局部高渗区和局部低渗区间形成压力扰动与交互渗流；流体在扰动压力作用下不断重新分布，使得低渗区原油得以启动，减缓了注入气沿高渗带的突破时间，提高了采收率。2013 年，彭松水对胜利正理庄油田高 89-1 区块注 CO_2 气窜规律研究发现，采用波动注气、间开间注、控制注入速度等多种方式，可以延长 CO_2 与原油的作用时间，增加波及体积，因而达到提高原油采收率的目的。2014 年，高云丛等人根据吉林腰英台油田 11 个注气井组 40 口油井的生产资料，划分出了腰英台油田判断油井气窜的标准，依照此标准对气水交替驱油进行了研究。结果表明，气水交替驱油时，注入水主要沿裂缝和高渗带驱油并突进，这就使更多的 CO_2 能够进入注入水无法进入的低孔低渗带驱替置换原油；同时因气水密度差而产生的重力分异作用，可在纵向上改善吸水（气）剖面，提高波及体积。2016 年，A A R Diniz 等人在对巴西 Tupi 油田进行 CO_2- 水交替驱油研究的过程中也证实了气水交替减缓气窜、提高采收率的有效性。

除了上述研究的影响因素外，还有注入压力、储层压力、生产制度、含水饱和度、段塞大小、注气部位、注气时机等因素也影响着注入气的气驱效率。

1.2.3 CO_2 气窜的防控研究

从增加注入气黏度和有效封堵高孔高渗带的角度出发，可以有效减缓气窜、提高采收率，且目前已取得了一定成果。例如，通过在注入气中添加起泡剂、表面活性剂、聚合物、石灰水、改性淀粉凝胶等，以达到增加注入气黏度或封堵裂缝通道，进而减缓气窜、增加采收率的目的。但是，在超低渗透储层注 CO_2 驱油时，由于储层渗透率极低，聚合物等添加剂很难有效注入储层，即使注入后也极易造成储层污染，堵塞有效孔隙，影响驱油效率。随着低渗透油藏开采速度的加快，水驱矛盾的日益突出，我国 CO_2 排放量日益加剧，CO_2 驱油与埋存逐渐得到重视。与此同时，越来越多的学者对低渗透、特低渗和超低渗砂岩油藏注 CO_2 驱油机理与气窜规律进行了研究。

Jyun-Syung Tsau（1956 年）经过研究发现泡沫可以延缓气体的突破，其主要原理是：泡沫黏度大，可导致气相流度及相对渗透率快速降低。2014 年，陈

祖华等人针对 CO_2 驱油藏开发后期气窜严重等问题，研究了开发层系、注采结构、注入方式以及注入剖面对气窜的影响，并提出了细分层系、高部位注气、水气交替注入、聚合物调剖及 CO_2+ 泡沫驱防气窜等技术对策，取得了良好的防治气窜的效果。2015 年，刘祖鹏等人针对腰英台油田 CO_2 驱油先导试验中 CO_2 过早气窜的问题，通过岩心驱替实验研究了低渗透裂缝性岩心在不同 CO_2 泡沫注入方式下封堵能力的差异以及水驱或气驱后 CO_2 泡沫驱提高采收率的效果。结果表明，CO_2 泡沫能增加流体在裂缝中的流动阻力，大幅降低 CO_2 在裂缝中的流度，减缓注入气（水）过早突破。关于注气驱油气窜的防控，除上述方法外，有学者借鉴超前注水的思路提出了超前注气的开发方式：超前注气能够在开采前就使储层压力升高、储层能量增加，有利于达到近混相驱或混相驱，进而延缓气窜。

从研究现状来看，目前依靠防控气窜提高采收率的方法有很多，适合超低渗透砂岩储层的防控方法主要有：CO_2 泡沫驱、超前注气、周期注气、脉冲注气和气水交替驱以及尽量使注入气与原油混相。在实际油藏应用中，应进行注气储层的精细描述与单砂体解剖，定量分析储层裂缝分布特征及储层非均质性，并根据注气储层特征，细化注入层系与开采层系，优化注气部位，优选注气方式，才能有效减缓气窜，实现高效驱油。

1.3 CO_2 驱存在的问题及应用前景

1.3.1 存在的问题

随着鄂尔多斯盆地探勘开发的快速推进，超低渗透砂岩油藏逐渐成为盆地主要的开发层系。由于超低渗储层注水开发矛盾日益突出，使注 CO_2 驱油提高采收率成为一种可能，不过仍需对注 CO_2 驱油方式的适用性和气窜规律进行研究论证，目前主要存在以下问题。

1）储层条件复杂，与国外差异大，国外的成功注气经验不能完全复制

2014 年数据显示，美国 CO_2 驱油年 EOR 产量已达 1371×10^4t，约占世界总 CO_2 驱油年 EOR（强化采油）产量的 93%，但是由于沉积环境差异，美国的成功并不能在中国完全复制。有资料显示，美国 CO_2 混相驱项目孔隙度主要集中在 10%~20%，渗透率在（10~50）$\times10^{-3}\,\mu m^2$，非混相驱项目孔隙度主要集中在 17%~30%，渗透率在（326~3000）$\times10^{-3}\,\mu m^2$。而我国注 CO_2 驱油项目孔隙度

主要分布在 8%~15%，渗透率在（1~10）$\times 10^{-3}\mu m^2$，目前已在江苏、胜利、大庆等油田取得了一定成果，但是针对小于 $1\times 10^{-3}\mu m^2$ 的超低渗砂岩油藏注 CO_2 驱油研究还比较少，其可行性及适用性仍需进一步论证。鄂尔多斯盆地延长组是典型的超低渗砂岩储层，低孔低渗、注水压力大、水驱效率低；而基岩平均渗透率小于 $1\times 10^{-3}\mu m^2$，储层非均质性强，注 CO_2 驱油过程中的气窜规律及特征，决定了注 CO_2 提高采收率的可行性。在注 CO_2 驱油过程中如何控制气窜、提高 CO_2 的波及体积，是我国注 CO_2 驱油提高采收率的关键。

2）低渗透油藏最小混相压力高，延缓气窜方法有所欠缺

2014 年，在美国 137 个 CO_2 驱油项目中，混相驱项目占总项目的 93.4%；而相较美国而言，我国油藏大多原油偏重、黏度较大、油藏温度高。经过细管实验混相压力测试统计，我国油藏混相压力均较高，这样气驱过程中很难达到混相，而混相也是延缓气窜的一种有力方式，如何改善混相条件以提高 CO_2 驱油效率成为一大挑战。

3）低渗透储层裂缝发育，裂缝对注气气窜及提高采收率的影响不明确

由于低渗透储层天然裂缝及人工压裂缝发育，注气过程中的气体首先沿着裂缝等高渗带突进、窜逸，气驱波及面积小，采出程度低。

4）气窜的评价标准不统一

目前针对注气气窜的研究中，对于气窜的评价标准不完全统一，各生产单位对气窜井的判定条件不一，气窜的判定不具备均适性。

1.3.2 应用前景分析

利用鄂尔多斯盆地陕北 W 油区延长组长 4+5 超低渗砂岩油藏进行注 CO_2 气窜规律研究，深入了解陕北 W 油区超低渗透砂岩油藏注气气窜规律及控制方法，有利于对各种驱油方式的驱油机理及适用性进行深入的解剖。综合研究各种影响因素，包括地质因素和工作参数，整理出超低渗砂岩油藏注 CO_2 驱油控制气窜的筛选标准，了解裂缝发育的超低渗透油藏的气窜规律及其对应的注 CO_2 开采的最佳驱油方式，将为我国超低渗砂岩油藏的剩余储量挖潜提供指导意义，提高原油采收率，增加社会经济效益，满足国家能源安全的需要。

参考文献

[1] Huang F, Huang H, WangY. Assessment of miscibility effect for CO_2 flooding EOR in a low

permeability reservoir [J] . Journal of Petroleum Science and Engineering, 2016, 145 : 328–335.

[2] Li F, Luo Y, Luo X. Experimental study on a new plugging agent during CO_2 flooding for heterogeneous oil reservoirs : A cases study of Block G89–1 of Shengli oil field [J] . Journal of Petroleum Science and Engineering, 2016, 146 : 103–110.

[3] Duan X, Hou J, Zhao F, et al. Determination and controlling of gas channel in CO_2 immiscible flooding [J] . Journal of the Energy Institute, 2016 (89) : 12–20.

[4] Bikkina P, Wan J, Kim Y, et al. Influence of wettability and permeability heterogeneity on miscible CO_2 flooding efficiency [J] . Fuel, 2016 (166) : 219–226.

[5] Cao M, Gu Y. Oil recovery mechanisms and asphaltene precipitation phenomenon in immiscible and miscible CO_2 flooding processes [J] .Fuel, 2013 (109) : 157–166.

[6] Xua X, Saeedia A, Liub K. An experimental study of combined foam/ surfactant polymer (SP) flooding for carbon dioxide–enhanced oil recovery (CO_2–EOR) [J] . Journal of Petroleum Science and Engineering, 2016 (146) : 1–9.

[7] Eide O, Erland G., Brattekas B. CO_2 EOR by diffusive mixing in fractured reservoirs [J] . Petrophysics, 2015, 56 (1) : 23–31.

[8] Gao Y, Zhao M, Wang J, et al. Performance and gas breakthrough during CO_2 immiscible flooding in ultra–low permeability reservoirs [J] . Petroleum Exploration and Development, 2014, 41 (1) : 88–95.

[9] Qin J, Han H, Liu X. Application and enlightenment of carbon dioxide flooding in the United States of America [J] . Petroleum Exploration & Development, 2015, 42 (2) : 232–240.

[10] Hao H, Hou J, Zhao F. Gas channeling control during CO_2 immiscible flooding in 3D radial flow model with complex fractures and heterogeneity [J] . Journal of Petroleum Science and Engineering, 2016 (146) : 890–901.

[11] 刘峰 . 低渗透各向异性油藏油井产能及合理井网研究 [D] . 西南石油大学 , 2014.

[12] 张峰，王秀娟，仲向云 . 长庆油田累计探明储量超 40 亿吨 [N] . 中国石油报 , 2016 年 1 月 1 日 / 第 001 版 .

[13] 王春艳，周文华 . 延长石油连续五年新增地质储量过亿吨 [N] . 中国网财经 , 2015 年 10 年 26 日 .

[14] 李士伦，张正卿，冉新权 . 注气提高石油采收率技术 [M] . 成都：四川科学技术出版社，2001.

[15] 李楠，潘志坚，苏婷，等 . 超低渗油藏 CO_2 驱正交试验设计与数值模拟优化 [J] . 新疆石油地质，2017,38 (1) : 62–65.

[16] 谈士海，张文正 . 非混相 CO_2 驱油在油田增产中的应用 [J] . 石油钻探技术，2001, 29 (2) : 58–60.

[17] 郭平，苑志旺，廖广志 . 注气驱油技术发展现状与启示［J］. 天然气工业，2009，29（8）：92-96.
[18] 刘炳官，朱平，雍志强，等 . 江苏油田 CO_2 混相驱现场试验研究［J］. 石油学报，2002，23（4）：56-60.
[19] 林杨，刘杨，胡雪，等 . CO_2 在非均质多孔介质中的气窜与运移［J］. 石油化工高等学校校报 . 2010，23（2）：43-46.
[20] 刘宾 . 低渗砂岩油藏高含水期注气开发机理研究［D］. 中国地质大学（北京），2012.
[21] 李东霞，苏玉亮，高海涛，等 . CO_2 非混相驱油过程中流体参数修正及影响因素［J］. 中国石油大学学报（ 自然科学版）. 2010，34（5）：104-107.
[22] 李景梅 . 注 CO_2 开发油藏气窜特征及影响因素研究［J］. 石油天然气学报，2012，34（3）：153-156.
[23] 郝宏达，侯吉瑞，赵凤兰，等 . 低渗透非均质油藏二氧化碳非混相驱窜逸控制实验［J］. 油气地质与采收率，2016，23（3）：95-100.
[24] 王建波，高云丛，王科战 . 腰英台特低渗透油藏 CO_2 驱油井见气规律研究［J］. 断块油气田，2013，20（1）：118-122.
[25] 鲍云波 . CO_2 气窜主控因素研究［J］. 科学技术与工程，2013，13（9）：2348-2351.
[26] 高树生，胡志明，侯吉瑞，等 . 低渗透油藏二氧化碳驱油防窜实验研究［J］. 特种油气藏，2013，20（6）：105-108.
[27] 何应付，周锡生，李敏，等 . 特低渗透油藏注 CO_2 驱油注入方式研究［J］. 石油天然气学报（江汉石油学院学报）.，2010，32（6）：131-134.
[28] 霍丽君，郭平，姜彬，等 . 芳 48 断块 CO_2 驱油试验区脉冲注气数模研究［J］. 特种油气藏，2012,19（6）：104-107.
[29] 彭松水 . 胜利正理庄油田特低渗透油藏 CO_2 驱气窜规律研究［J］. 断块油气田，2013，20（1）：118-122.
[30] 高云丛，赵密福，王建波等 . 特低渗油藏 CO_2 非混相驱生产特征与气窜规律［J］. 石油勘探与开发，2014，41（1）：79-85.
[31] 陈祖华 . 低渗透油藏 CO_2 驱油开发方式与应用［J］. 现代地质 . 2015，29（4）：950-957.
[32] 李宾飞，叶金桥，李兆敏，等 . 高温高压条件下 CO_2- 原油 - 水体系相间作用及其对界面张力的影响［J］. 石油学报，2016，37（10）：1265-2172.
[33] 陈祖华，汤勇，王海妹，等 . CO_2 驱开发后期防气窜综合治理方法研究［J］. 岩性油气藏，2014，26(5)：102-106.
[34] 刘祖鹏，李兆敏 . CO_2 驱油泡沫防气窜技术实验研究［J］. 西南石油大学（ 自然科学版），2015，37（5）：117-121.
[35] 娄毅，杨胜来，章星，等 . 低渗透油藏二氧化碳混相驱超前注气实验研究［J］. 油气

地质与采收率，2012，19（5）：78-80.

［36］李绍杰．低渗透滩坝砂油藏 CO_2 近混相驱生产特征及气窜规律［J］．大庆石油地质与开发，2016，35（2）：110-115.

［37］罗懿．超低渗透油藏 CO_2 驱提高采收率技术研究与应用［J］．石油化工腐蚀与防护，2016，33（2）：5-10.

［38］王维波，陈龙龙，汤瑞佳，等．低渗透油藏周期注 CO_2 驱油室内实验［J］．断块油气藏，2016，23（2）：206-209.

［39］王建波，高云丛，宗畅，等．特低渗油藏 CO_2 非混相驱水气交替注入见效特征［J］．大庆石油地质与开发，2016，35（2）：116-120.

［40］闫海军，郭建林，罗超，等．适用于注气储层描述的单砂体解剖技术［J］．现代地质，2015，29（6）：1454-1466.

［41］李士伦，郭平，王仲林，等．中低渗透油藏注气提高采收率理论及应用［M］．北京：石油工业出版社，2007.

2　油藏地质特征

2.1　基本地质概况

鄂尔多斯盆地是一个构造变形弱、多旋回演化、多沉积类型的大型沉积盆地，盆地本部面积约 $25 \times 10^4 km^2$。盆地底部由太古界和中下元古界变质岩、结晶岩所组成，沉积盖层大体经历了中晚元古代拗拉谷、早古生代陆表海、晚古生代海陆过渡、中生代内陆湖盆以及新生代周边断陷五个发展演化阶段，形成了下古生界碳酸盐岩、上古生界海陆过渡相煤系碎屑岩以及中新生界内陆碎屑岩沉积的三层构造。盆地主体除缺失中上奥陶统、志留系、泥盆系及下石炭统外，地层基本齐全，沉积岩厚度约 6000m。目前在盆地内共发现了下古生界、上古生界及中生界三套含油气层系，其中，上三叠系延长组和侏罗系延安组是盆地目前所发现的主要含油层组。

鄂尔多斯盆地的大地构造位置处于我国东部构造域与西部构造域的结合部位，古生代时属于华北盆地的一部分；中生代后期逐渐与华北盆地分离，并逐渐演化为一大型内陆坳陷盆地。根据现今盆地构造形态，结合盆地演化历史，盆地内共划分为西缘冲断带、天环坳陷、陕北斜坡、晋西挠褶带、伊盟隆起以及渭北隆起六大构造单元（见图 2–1）。

2.2　沉积环境

沉积相的形成受沉积环境及沉积物的叠加作用的影响，沉积岩是对沉积环境的体现和表征，是认识储层的基础。陕北 W 油区位于鄂尔多斯盆地伊陕斜坡构造单元中南部（见图 2–1），晚三叠世延长组沉积坳陷的中心部位，物源受盆地东北和西南物源双重控制，以东北物源为主，以西南物源为辅。盆地东北部

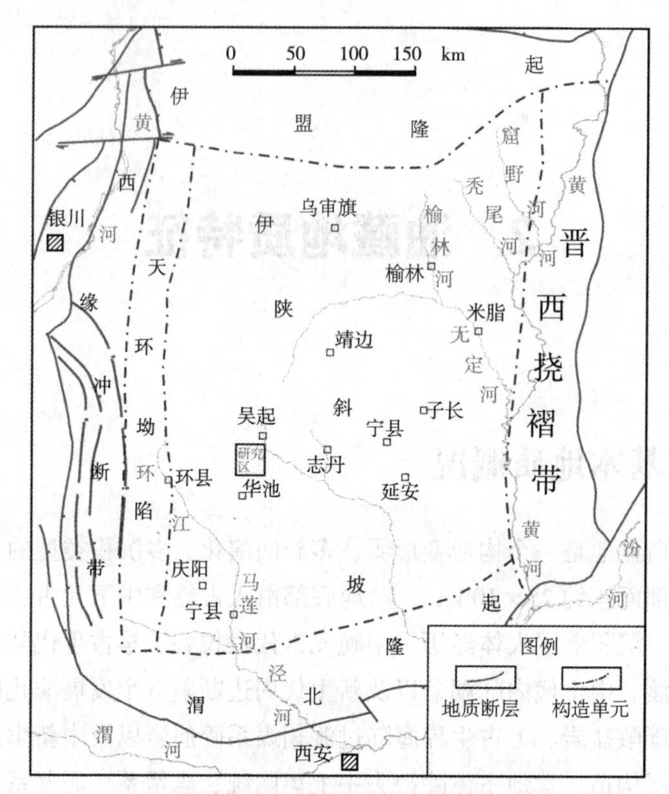

图 2-1 研究区地理位置图

以河流三角洲沉积体系最发育。由安塞、志靖、安边等多个三角洲组成。W 油田的沉积受志靖三角影响较大；盆地西南以辫状河三角洲为主，其中西峰—庆阳辫状河三角洲沉积规模较大，其前端可达华池一带。W 油田的沉积也受其影响。因此，该油田沉积物（尤其是长 8~ 长 4+5）具有混源区特征。

晚三叠世末受印支运动的影响，鄂尔多斯盆地由海相沉积向陆相沉积转变，从而使盆地在延长时期发育了一套完整的河流—三角洲—湖泊陆相碎屑岩沉积体系。三叠系延长组沉积体系客观记录了这个大型淡水湖从发生到全盛直至最后萎靡消亡的整个演化历史，由浅到深形成长 1~ 长 10 十个油层组，见表 2-1。湖盆的形成阶段沉积了长 10、长 9 油层组，由早期的河流相沉积（长 10）逐渐演化到湖泊沉积（长 9），鄂尔多斯内陆湖盆开始形成；从长 8 至长 7 期，湖盆开始发展直至达到全盛时期，其主要标志是长 7 油层组沉积了一套厚 50~100m 的灰黑色泥岩和油页岩，其间夹有褐色含油细砂岩。此时，湖盆范围最大、水体最深，是盆地烃源岩形成的主要时期，有效烃源岩分布面积约 $4\times10^4km^2$。W 油田则处于烃源岩分布区的中部，为该油田的形成提供了充足的油源条件；长 6~ 长 4+5 时期，是湖盆发展的稳定时期，盆地周边三角洲发育与退缩相间出现，纵向上形成有利的储盖组合，为盆地中生界延长组油藏的形成提供了有利的地质条件，是盆地中生界最重要的油气勘探目的层之一；长 3 至长 2 时期是鄂尔多斯盆地开始逐步萎缩的时期，三角洲平原的范围从盆地边缘地区逐步向湖盆中心地区推进，湖盆范围日趋缩小，三角洲平原地区沉积了一套以粗碎屑为主的碎屑岩地层。此段时期，因为 W 地区处在湖盆中心地区，所以 W 油区仍处于湖盆的水下部位，水下分流河道砂体与湖湾相粉砂质泥岩在纵向上相间出现。长 1 期是鄂尔多斯盆地逐渐消亡的时期，发展为一套粉砂质泥岩与粉砂岩夹煤线为主的地层。由于 W 油田处于甘陕古河道之上，长 1 地层受印支末期构造运动影响而被剥失殆尽，钻井剖面上无法见到。值得一提的是，长 4+5 段沉积期为曲流河三角洲前缘亚相沉积，砂岩颜色为浅灰绿、灰绿色，发育块状层理、砂纹层理、砂纹交错层理、平行层理等层理构造，偶尔可见冲刷面构造、变形构造。岩性以细粒长石砂岩为主，砂体厚度变化大，单砂体之间存在较薄的黑灰色泥岩、粉砂质泥岩或泥质粉砂岩隔夹层，砂体结构以多期间隔叠置型为主，储层非均质性严重。

表 2–1　鄂尔多斯盆地延长组地层划分简表

<table>
<tr><th colspan="7">地层时代</th><th rowspan="2">标志层</th></tr>
<tr><th>界</th><th>系</th><th>统</th><th>组</th><th>段</th><th>层</th><th>小层</th></tr>
<tr><td rowspan="14">中生界</td><td rowspan="14">三叠系</td><td rowspan="14">上统</td><td rowspan="14">延长组</td><td>T_3y^5</td><td>长 1</td><td>长 1</td><td>K9</td></tr>
<tr><td rowspan="4">T_3y^4</td><td rowspan="3">长 2</td><td>长 2_1</td><td></td></tr>
<tr><td>长 2_2</td><td>K8</td></tr>
<tr><td>长 2_3</td><td>K7</td></tr>
<tr><td>长 3</td><td>—</td><td>K6</td></tr>
<tr><td rowspan="6">T_3y^3</td><td rowspan="2">长 4+5</td><td>长 4+5_1</td><td>K5</td></tr>
<tr><td>长 4+5_2</td><td></td></tr>
<tr><td rowspan="3">长 6</td><td>长 6_1</td><td>K4</td></tr>
<tr><td>长 6_2</td><td>K3</td></tr>
<tr><td>长 6_3</td><td>K2</td></tr>
<tr><td></td><td>长 7</td><td>—</td><td>K1</td></tr>
<tr><td rowspan="2">T_3y^2</td><td>长 8</td><td>—</td><td>—</td></tr>
<tr><td>长 9</td><td>—</td><td>—</td></tr>
<tr><td>T_3y^1</td><td>长 10</td><td>—</td><td>—</td></tr>
</table>

2.3 地层划分与对比

地层的划分和对比是油藏工作及储层精细描述的基础，只有正确地划分地层，才能准确地对地层状况进行对比，弄清楚油藏的形态构造、砂体的连通情况、断层的分布及产状等。地层的划分和对比要考虑储层岩性、沉积旋回、储层厚度、特殊矿物组合等多方面的因素。储层岩性在不同的沉积环境下所形成的储层的颜色、成分、结构等均不相同，根据岩性特征可以找出有代表性的标志层，结合其他依据对地层进行划分；沉积旋回是指岩性剖面上有规律的重复，沉积旋回由大到小分为四个级别，通过对比沉积旋回的变化特征可划分地层；在砂层厚度稳定的情况下，统一砂层组的厚度近似相等，所以也可以作为地层划分的辅助手段。测井曲线是连续的且深度准确，这就可以对目的层进行全面对比分析；归位准确，且自然伽马、电阻和自然电位曲线将储层岩性、物理特征及储层流体特征均能体现出来，所以利用测井曲线进行地层划分和对比是目前被广泛应用的一种手段。

2.3.1 地层划分对比原则

以盆地构造、沉积背景为依据，结合油田的实际资料，地层对比工作中主要遵循以下原则。

（1）标志层对比原则。标志层是指沉积范围广，横向可追踪对比，具有特殊岩性、电性的地层。陆相地层由于受沉积环境因素影响，选择标志层的难度往往比海相地层大。鄂尔多斯盆地中生界延长组地层中的“张家滩”页岩具有被确定为标志层的地质条件。第一，分布范围极广，盆地南部近 $10\times10^4km^2$ 的石油探区范围内，约 $7\times10^4km^2$ 都能见到，横向也能追踪对比；第二，“张家滩”页岩岩性特殊，它由黑色泥岩、油页岩、凝灰岩等岩性组成，在延长组纵向地层剖面上，具有明显的特殊性；第三，“张家滩”页岩其电性特征十分明显，高电阻、高自然伽马、高声速，油页岩自然电位呈偏负特征，在测井曲线上一目了然；第四，“张家滩”页岩在横向上追踪对比十分清楚。鉴于以上条件，“张家滩”页岩被确定为鄂尔多斯盆地中生界延长组区域性标志层，已成为所有石油地质工作者的共识。除此之外，目前在盆地中生界延安组、富县组和延长组地层中要确定第二个区域性标准层还十分困难，也可以说几乎不可能。但在局部地区或油田地层对比研究中引入地区性辅助标准层，对开展小区与地层对比研究，也是行之有效的办法。例如，在安塞地区的石油勘查开发过程中，将延长组标定出 K1~K9 共 9 个辅助标准层在油田勘探开发地层对比中发挥了重要的作用（见表 2–1）。20 世纪 70 年代早中期，在马岭油田的勘探开发实践中，将延安组煤系地层中的 B1、B2、B3 煤层定为地区性标准层，也是地层对比研究中成功的范例。因此，地层对比在尽量确保选用区域性标志层的前提下，注重研究，引用地区性辅助标准层，也不失为解决地层对比的有效方法。

油田钻孔较深，有较多的井钻达到了“张家滩”页岩，这为油田地层对比研究提供了可靠的基础资料。“张家滩”页岩是油田地层对比中最重要的标志层；另外，油田钻井资料揭示，油田延安组地层中有一套煤系地层，达 30 余米，由 1~3 层单层厚 1~2m 的薄层煤组成。煤系地层的广泛出现，表明研究区延安组早期的河流充填已基本结束，而进入了准平原化沼泽沉积时期，因此，油田延安组煤层具有作为该油田地层对比辅助标准层的条件。

（2）岩性、电性综合对比原则。不同时代地层岩性自然不同，这是众所周知的事实。鄂尔多斯盆地侏罗系延安组是一套灰黑色泥岩、灰白色中细砂岩夹煤系地层，富县组由一套以粗碎屑为主的河道砂岩与黑色、杂色泥岩组成，盆地内部分布局限，但下粗上细的二元结构特征明显；延长组是一套内陆湖泊沉积，由灰黑色泥岩、粉砂质泥岩与灰绿色细砂岩、粉细砂岩、泥质粉砂岩组成。上述三组地层岩性特征，无论在地表露头或钻井剖面上都表现得十分清晰。因此，地层对比首先应抓住各地层组岩性上的差别，认清地层时代，在同一时代地层中展开对比，这是地层对比的基础和出发点。盆地中生界延安组、富县组、延长组地层岩性特征的差异性，为地层对比、研究奠定了可靠基础。

地层的岩性特征在地表条件下非常直观，容易判别，而钻孔中地层岩性受取心资料局限，只能通过电测资料来分析判别。通过几十年石油地质工作者的不懈努力，基本上解决了鄂尔多斯盆地中生界的岩性、电性关系问题。当前运用测井曲线资料，结合岩心岩屑、钻时等录井资料综合判识地层，已成为开展地层对比、分析、研究油田基本地质问题的重要手段。

2.3.2 延长组地层划分结果

油田地处盆地甘陕古河地区，由于富县期河道的下切与充填使得油田区内长 1 地层基本剥蚀殆尽，有些地区长 2 甚至长 3 地层也遭受了不同程度的剥蚀。根据传统的小层划分方案并结合油沟油田生产需要，将延长组从“张家滩”页岩底界向上划分为长 7、长 6、长 $4+5_1$、长 $4+5_2$、长 3+ 长 2 油层组。

长 7 油层组：以“张家滩”页岩为标志，划分长 7 油组，厚 120~130m，由一套灰黑色泥岩、油页岩、凝灰岩夹灰褐色含油细砂岩（通常具沉积性质）组成，区域上分布广，横向较稳定，向湖盆边缘有逐渐变薄趋势。长 7 油层组电性特征明显，具有高电阻、高自然伽马特征。油页岩自然电位偏负，同时声波时差、自然伽马、电阻呈高值，与灰黑色泥岩、凝灰岩相区别。长 7 油层组中所夹砂岩通常是灰褐色含油，粒级偏细，以细砂岩为主，分选较差，属沉积成因砂岩。

长 6 油层组：厚 160m 以上，为一套灰黑色泥岩、粉砂质泥岩夹灰绿色细砂岩、泥质粉细砂岩、粉砂岩组成。长 6 油层组自上而下细分为长 6_1、长 6_2、长 6_3、长 6_4 四个小层。长 6_1 岩性偏粗，以细粒为主，局部为中细粒砂岩，其电性特征非常明显，具有低电阻、高时差的电性特征，在油区内能进行横向追踪对比，厚度 30~35m。长 6_2~ 长 6_4 油层组，岩性偏细，泥质含量增多，电性具有微电极低平、电阻基值偏低、自然伽马与声波时差呈低位、自然电位偏负不明显等特征。

长 4+5 油层组：厚 45~50m，长 4+5 储层俗称“细脖子段”，岩性主要为一套浅灰色粉—细砂岩和暗色炭质泥岩的薄互层。根据岩性组合、电性特征以及油田勘探生产的需要，可细分为长 $4+5_1$ 与长 $4+5_2$ 两个小层，上下两个小层被一套凝灰岩分开，标记层为 K5。长 $4+5_1$ 以砂岩沉积为主，厚 15~20m 由灰褐色厚层含油中细砂岩夹少量薄层灰绿色泥质粉砂岩、粉砂质泥岩组成。砂岩连片性差，低时差、高电阻的电性特征在测井剖面图上十分突出。长 $4+5_2$ 小层以砂岩沉积为主，由薄层状灰绿色细砂岩、粉细砂岩、泥质粉砂岩与灰黑色粉砂质泥岩、泥岩呈间互层，厚约 30m，砂岩在横向上连片性好。

长 3+ 长 2 油层组：受富县期河谷下切作用，使得长 3+ 长 2 油层组地层厚度在油沟地区变化较大，一般为 150~180m。由灰黑色泥岩、粉砂质泥岩与灰绿色细砂岩、粉细砂岩呈约等厚互层。长 3+ 长 2 油层组下部地层偏细，由下向上砂岩增多，有层状加厚的趋势。具有较高电阻、较低时差，与上覆富县组地层相区别。

研究目的层为 W 油田的长 4+5 层，将地层划分为长 $4+5_1$、长 $4+5_2^1$ 和长 $4+5_2^2$，砂体展布图如图 2–2 所示（其他不同方向砂体连通图见书末附图 1）。可以看出，长 $4+5_2^2$ 砂体厚度大，且呈连片发育，砂体宽度可达 5~7km；长 $4+5_2^1$ 砂体发育程度最差，呈孤立条带状发育，砂体宽度仅有 0.5~1.0km，非均质性强；长 $4+5_1$ 砂体呈交切窄条带状发育，河道砂体宽度为 1.0~1.5km，河道

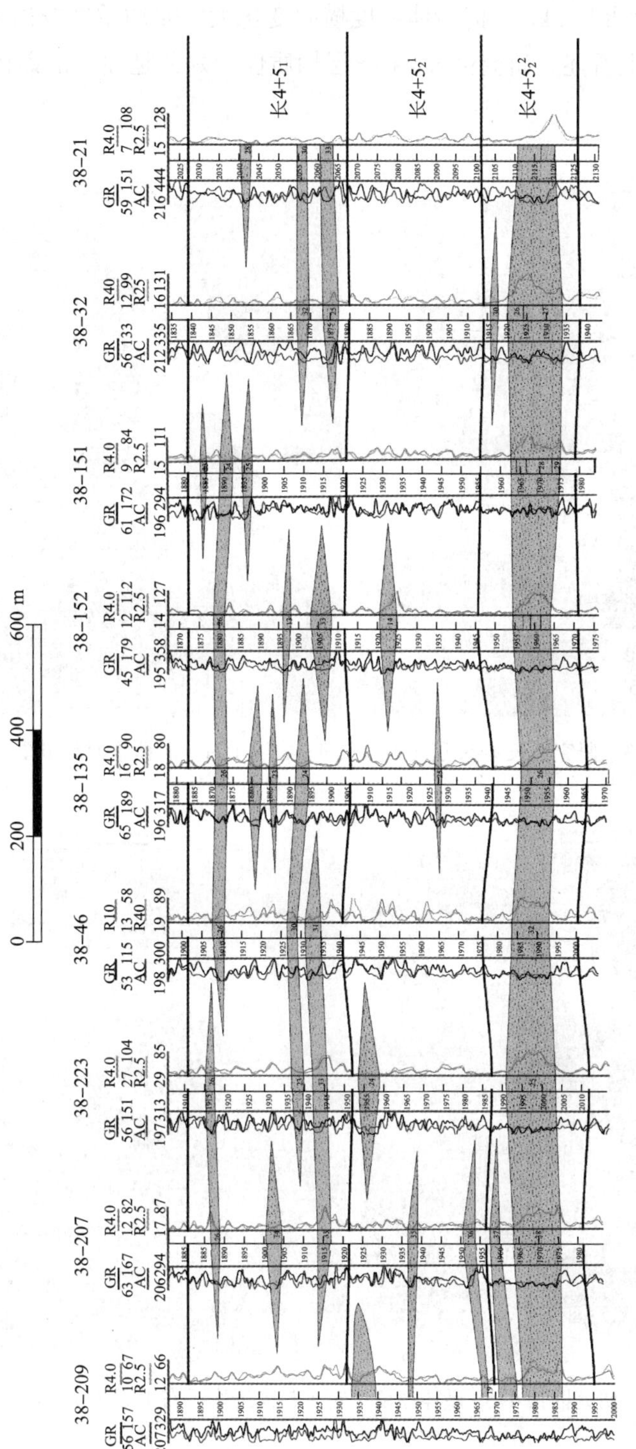

图 2-2　W 油田长 4+5 砂体连通剖面图

交汇处砂体宽度可达 5km，但砂体厚度横向变化大，非均质性较强（见图 2-3 和图 2-4）。综上所述，研究区长 $4+5_2^2$ 层均质性较好，是油气富集和 CO_2 驱油的有利区带。

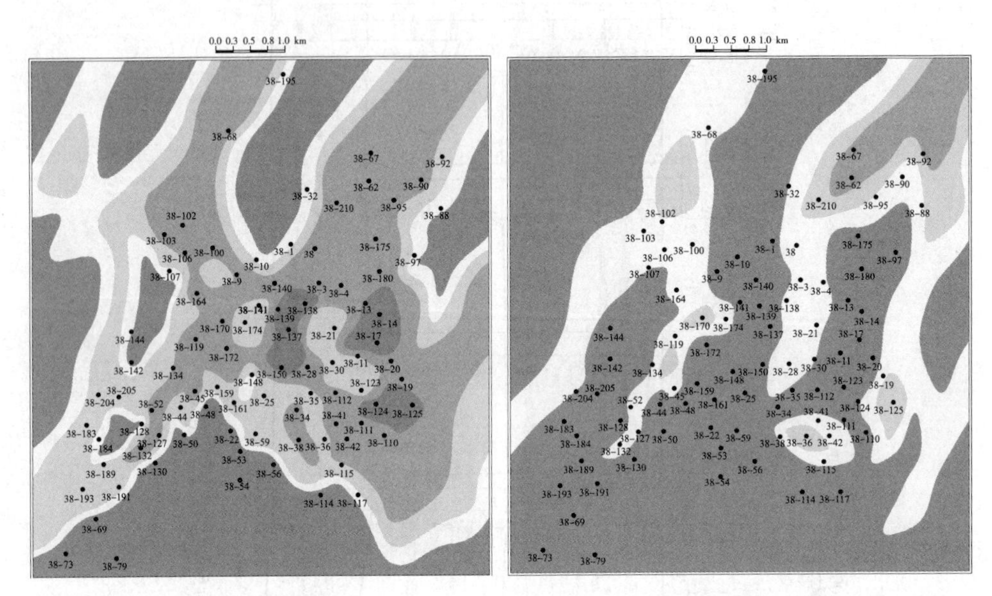

图 2-3 研究区长 $4+5_1$ 层（左）长 $4+5_2^1$ 层（右）砂体平面展布图

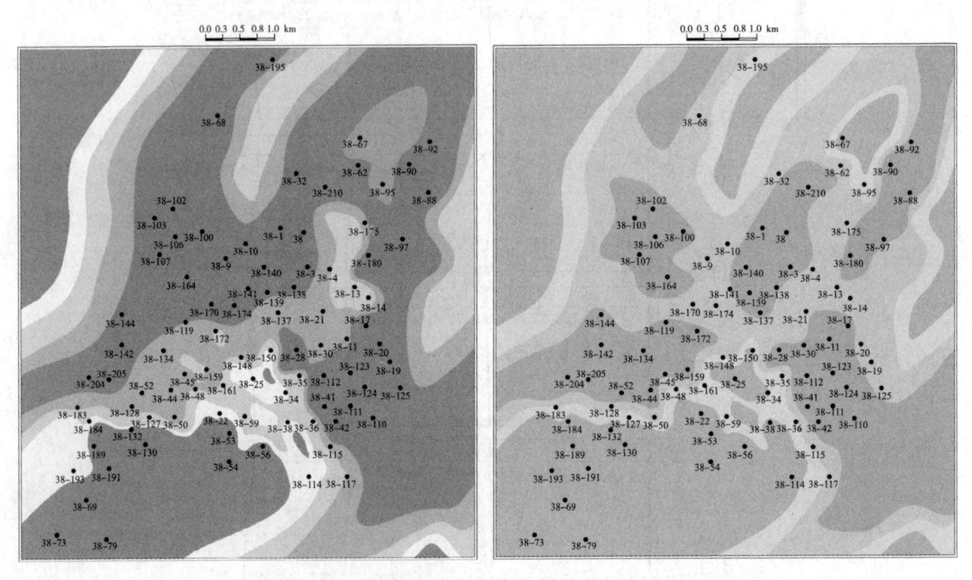

图 2-4 研究区长 $4+5_2^2$ 砂体厚度（左）与渗透率（右）等值线对比图

2.4 沉积微相特征

沉积微相是沉积体系中最基本的构成单元，反映了相同沉积环境下所形成的同一沉积岩相。也就是说，沉积微相控制了沉积砂体的厚度、连通性及平面展布特征。

通常可以通过岩心观察，从岩心的颜色、层理、构造等来判断研究目标的沉积微相。但是对于取心资料较少甚至缺失的地区来讲，利用测井相识别沉积微相也是常用的方法。不同的测井系列反映了不同的地层信息，不同的曲线形态代表着不同沉积环境。判断沉积微相常用的测井曲线为自然电位和自然伽马，其反映了沉积物在垂向上的粒序变化，进而可以反映出沉积过程中水动力能力的变化特征。

对于测井相的分析，通常主要是对自然电位和自然伽马曲线幅度大小、曲线形态、接触关系及其组合关系进行分析。幅度的大小多反映沉积粒度大小或者泥质含量的多少；测井曲线形态和接触关系一般反映沉积能量和粒度在垂向上的变化特征。曲线形态主要有钟形、菱形、箱形、漏斗形 4 种，接触关系一般有突变和渐变 2 种。通过对研究区测井相分析可知，沉积砂体的测井曲线多表现为钟形或箱形，接触关系为底部突变—顶部渐变或顶底突变，变化幅度较大，一般在 30%~50%。钟形测井曲线反映了沉积粒序的正粒序变化，是水动力减弱或物源供给较少的表现，反映了水下分流河道的侧向迁移与叠置；箱形测井曲线反映了稳定沉积环境下沉积物的快速堆积，在三角洲前缘沉积亚相中多代表水下分流河道的垂向加积沉积砂体；而分流间湾微相砂体主要发育厚层状灰黑色泥岩、粉砂质泥岩、泥质粉砂岩，岩性总体上偏细，砂地比低，泥质及黏土含量高，自然电位表现出中高值，呈齿形，见图 2–5。因此，认为吴起地区长 4+5 层沉积微相主要以水下分流河道和分流涧湾为主，河口坝沉积微相不发育，这主要是因为研究区水体浅、水动力强，水下分流河道侧向迁移改道频繁，河口坝沉积砂体多被后期水下分流河道冲刷，难以保存。

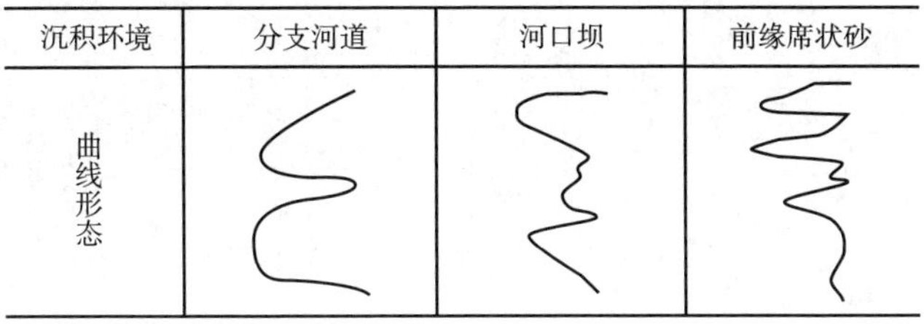

沉积环境	分支河道	河口坝	前缘席状砂
曲线形态			

图 2–5　不同沉积环境中的自然电位曲线基本类型

从沉积微相连井剖面上可以看出，由于长 4+5 沉积期间存在短暂的湖进湖退，研究区长 4+$5_2{}^2$ 层水下分流河道发育，长 4+$5_2{}^1$ 层分流间湾发育，而长 4+5_1 层水下分流河道较发育，见图 2–6 和图 2–7。平面上水下分流河道在延伸过程中不断地交汇分流及频繁地侧向迁移，多期水下分流河道交汇叠置使长 4+5_1 和长 4+$5_2{}^2$ 层砂体连片发育，而长 4+$5_2{}^1$ 层河道呈孤立窄条带状，分流河道之间由于水动力较弱，多形成分流间湾。

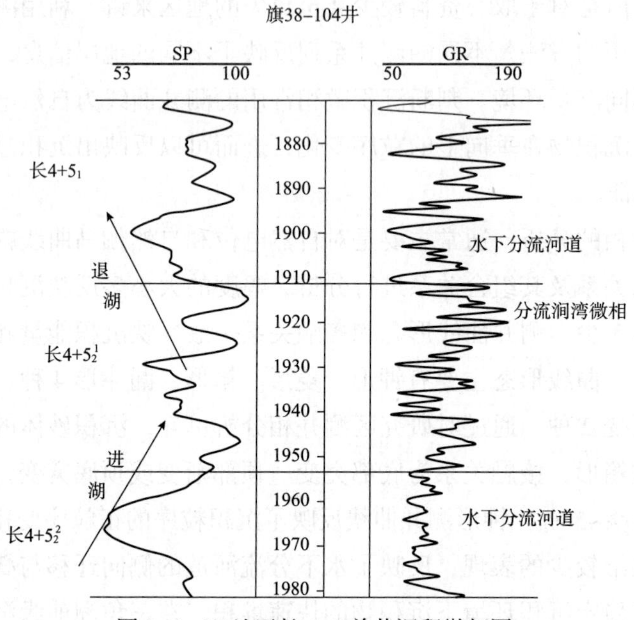

图 2–6　W 地区长 4+5 单井沉积微相图

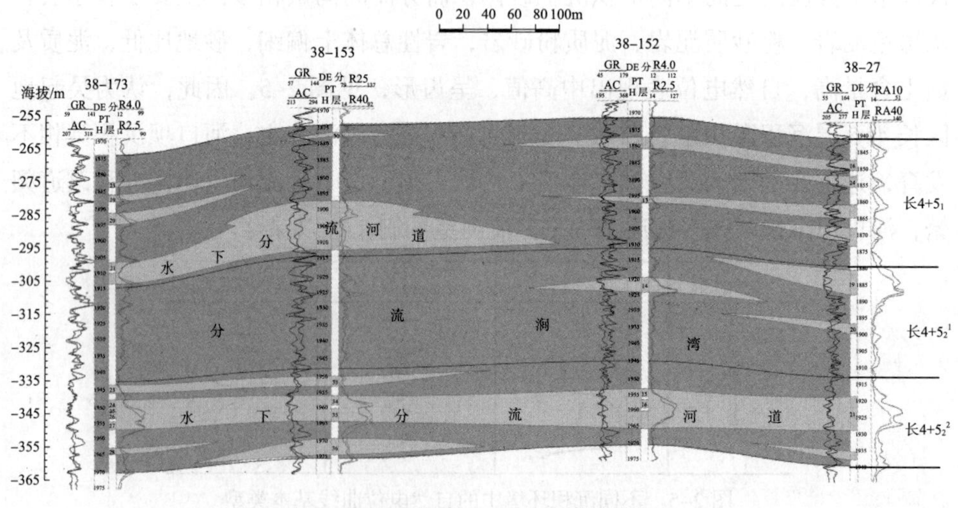

图 2–7　W 地区长 4+5 沉积微相剖面

2.5 研究区储层特征

2.5.1 储层岩石学特征描述

1）岩矿分析

据研究区岩心薄片资料统计（见表 2–2），可见长 4+5 储层斜长石含量较多，石英和钾长石次之，酸敏矿物为铁白云石，有少量黏土矿物。

表 2–2 岩矿定量分析数据 单位：%

层位	石英	钾长石	斜长石	方解石	铁白云石	白云石	黏土矿物
长 4+5	22.09	23.74	42.86	—	—	6.42	4.89
	39.21	5.65	49.42	2.30	2.63	—	0.79
	28.64	27.79	42.31	0.29	—	—	0.98
	31.76	11.01	55.98	0.45	—	—	0.8
	25.71	12.74	57.57	0.53	—	0.86	2.59
	24.47	21.01	50.54	0.60	—	1.55	1.83
	17.97	10.66	51.01	17.61	1.34	—	1.41
	27.93	8.88	59.48	0.57	—	1.98	1.17
	27.15	8.57	59.59	2.33	1.53	—	0.83
	22.53	8.41	66.65	—	1.33	—	1.08
	22.71	10.23	62.82	1.53	1.55	—	1.16
	31.77	13.36	51.00	1.46	1.07	—	1.33
	31.19	17.76	46.99	1.99	0.89	—	1.19
	26.46	20.05	48.13	2.21	1.68	—	1.47

2）粒度分析

粒度分析统计表见表 2–3，可以看出，岩样砂粒含量以细砂和粉砂为主。偏度为 0.47，属于细偏度，说明沉积物颗粒较细。峰态表示沉积物频率曲线的峰凸程度（尖锐平坦程度），与“正态曲线”相比较，岩样峰态分布范围为 0.45~0.51，平均值为 0.48，峰态尖锐，说明储层孔喉不集中，非均质性强。粒度标准偏差是用来表示分选程度好坏的重要参数，表示颗粒大小的均匀程度。岩样的标准偏差为 1.49~1.98，平均为 1.80，表明分选程度较差，孔喉分布不均匀。

表 2-3 粒度分析结果统计表

细砂 /%	粉砂 /%	黏土 /%	*C* 值 /mm	*M* 值 /mm	粒度参数		
					标准偏差	偏态	峰态
67.74	24.90	2.76	3.99	0.29	3.68	1.52	0.48
46.73	43.78	5.61	9.49	0.21	4.68	1.93	0.48
63.08	30.95	3.48	5.00	0.25	3.98	1.62	0.49
70.03	21.87	2.60	4.05	0.29	3.56	1.49	0.49
59.71	30.47	4.10	6.41	0.29	4.02	1.83	0.51
46.11	43.80	5.91	9.63	0.24	4.68	1.98	0.45
48.52	43.90	5.14	7.48	0.22	4.51	1.80	0.45

3）黏土矿物分析

为了分析储层黏土矿物的组成和含量，采用 X 射线衍射物相分析技术：由于晶体是由规则排列的原子组成的，而这些规则排列的原子间距离与 X 射线波长有相同数量级，所以当一束单色 X 射线入射到晶体时，由不同原子散射的 X 射线相互干涉，在某些方向上产生强烈的 X 射线衍射，不同的多晶体物质的结构和组成元素各不相同，就会产生不同的衍射花样，在线条数目、角度位置、强度上就呈现出差异。衍射花样与多晶体的结构和组成有关，一种特定的物相具有自己独特的一组衍射线条，即衍射谱；反之，不同的衍射谱代表着不同的物相，从而确定样品的物质构成组分。也可以利用物质参与衍射的体积或者重量与其所产生的衍射强度成正比，从而确定混合物中某相的含量。因此，我们可以实现不同矿物的定性和定量研究（见表 2-4）。

表 2-4 黏土矿物相对含量表

层位	黏土矿物含量 /%					伊 / 蒙混层 /%		绿 / 蒙混层 /%	
	伊利石	高岭石	绿泥石	伊 / 蒙混层	绿 / 蒙混层	蒙皂石	伊利石	蒙皂石	绿泥石
长 4+5	11	7	67	4	11	15	85	37	63
	5	10	68	2	15	15	85	31	69
	5	—	82	—	13	—	—	39	61
	5	7	76	—	12	—	—	31	69
	2	—	90	—	8	—	—	50	50
	4	6	81	—	9	—	—	42	58
	7	7	74	—	12	—	—	31	69
	6	—	79	—	15	—	—	39	61

续表

层位	黏土矿物含量 /%					伊 / 蒙混层 /%		绿 / 蒙混层 /%	
	伊利石	高岭石	绿泥石	伊 / 蒙混层	绿 / 蒙混层	蒙皂石	伊利石	蒙皂石	绿泥石
长 4+5	11	16	60	—	13	—	—	37	63
	6	14	65	1	14	15	85	31	69
	10	—	70	—	12	—	—	31	69
	4	13	74	—	9	—	—	31	69
	6	15	58	—	21	—	—	31	69
	21	13	41	5	20	15	85	37	63

经过 X 射线衍射物相分析，黏土矿物中伊利石相对含量为 4%~21%，平均为 7.36%；高岭石相对含量为 0~16%，平均为 10.55%；绿泥石相对含量为 41%~90%，平均为 70.36%；伊蒙混层相对含量较小；绿 / 蒙混层相对含量为 8%~21%，平均为 13.14%。

2.5.2 储层物性特征描述

储层的物性特征包括储层渗透率、孔隙结构、含油饱和度等。

通过扫描电镜发现，长 4+5 储层颗粒排列较紧密，部分颗粒呈镶嵌状，孔隙发育较差，连通性不好，粒间共生次生石英与绿泥石，如图 2-8 所示。

通过全直径渗透率和柱状岩心渗透率测定得到：长 4+5 储层水平空气渗透率为 0.01×10^{-3}~$3.65\times10^{-3}\mu m^2$，平均为 $0.62\times10^{-3}\mu m^2$；孔隙度为 3.44%~14.91%，平均为 11.21%。渗透率在 1.0×10^{-3}~$10.0\times10^{-3}\mu m^2$ 的岩样占总量的 1/6，渗透率在 0.1×10^{-3}~$1.0\times10^{-3}\mu m^2$ 的岩样占总量的 2/3，可知该区为超低渗储层，高孔高渗区时常有裂缝存在。

图 2-8 储层孔隙结构扫描电镜图

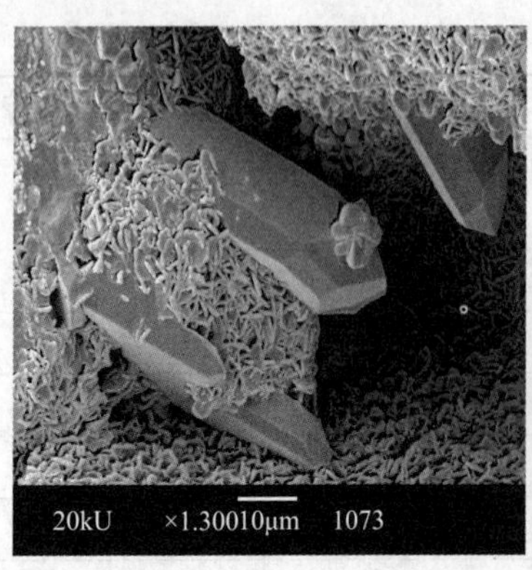

图 2–8 储层孔隙结构扫描电镜图（续）

气测渗透率为岩心的绝对渗透率，真实储层中往往存在油水两相，所以要了解储层流体的渗透率就要了解其相对渗透率，也就是相渗。相渗曲线一般分为三段：第一段为束缚水状态，此阶段水相饱和度还未达到可流动状态，水相的相对渗透率为零，而油相占据着全部的流通孔隙，储层中只有油相单相流动，流动阻力小，油相相对渗透率为最大值，且随着水相饱和度的增加有所下降；第二段为油水两相共渗区，在水相饱和度大于束缚水饱和度后，水相开始呈连续状态流动，此阶段随着水相饱和度的增加，水相相对渗透率增加，油相相对渗透率下降，等渗点之后，油相的相对渗透能力小于水相的相对渗透能力；第三段为残余油状态，此阶段油相不再流动，相对渗透率为零，水相相对渗透率达到最大值。本次实验室测定岩心渗透率相关数据如表 2–5 所示，可见研究区储层岩石束缚水饱和度中等，样品束缚水饱和度均在 30.77%~40.01%，平均值为 35.03%；而残余油饱和度为 29.38%~35.03%，平均为 32.94%。综上所述，研究区岩石样品中表现出中性、弱亲水性特征。

表 2–5 油水相对渗透率曲线特征参数

孔隙度 / %	束缚水饱和度 / %	残余油饱和度 / %	等渗点油水相对渗透率 /%	等渗点含水饱和度 /%	残余油时水相对渗透率 /%	两相共渗区 / %
12.81	40.01	35.03	7.01	54.83	12.79	24.96
14.97	34.37	33.47	8.51	53.50	15.08	32.16
13.86	37.73	33.63	6.97	54.40	12.78	28.64
13.02	38.73	32.11	7.55	56.23	13.19	29.16
13.86	32.89	31.97	8.86	52.96	15.78	35.14
14.91	32.64	32.67	10.59	53.62	19.26	34.69
14.21	31.93	30.22	11.04	54.28	20.12	37.85

续表

孔隙度 / %	束缚水饱和度 / %	残余油饱和度 / %	等渗点油水相对渗透率 /%	等渗点含水饱和度 /%	残余油时水相对渗透率 /%	两相共渗区 / %
15.72	30.77	32.54	10.03	53.90	18.18	36.69
15.39	33.63	33.19	8.38	54.80	15.78	33.19
13.22	38.63	34.43	7.29	53.95	13.82	26.84

石油储集层研究中应用最广的是压汞法毛细管压力测试，其原理是：汞是一种非润湿液体，将汞注入被抽空的岩样空间时，一定要克服岩石孔隙系统对汞的毛细管阻力。显然，注入汞的过程就是测量毛细管压力的过程。注入汞的每一点压力就代表一个相应的孔隙大小下的毛细管压力。在这个压力下，进入孔隙系统的汞量就代表这个相应的孔喉大小在系统中所连通的孔隙体积。随着注入压力不断增加，汞即不断进入较小的孔隙。一块岩样的毛细管压力曲线，不仅仅是孔径分布和孔隙体积分布的函数，也是孔喉连接好坏的函数，更是孔隙度、渗透率和饱和度的函数。本文对研究区 20 块低渗透岩心进行常规压汞孔隙结构研究，分析了不同渗透率岩心的孔喉分布及渗透率贡献分布特征，探讨了渗透率、平均孔隙半径、分选系数、排驱压力、退汞效率、进汞饱和度等孔隙结构参数及其相互关系（见表 2–6）。

表 2–6　岩心孔喉特征参数

渗透率 / $10^{-3}\mu m^2$	孔隙度 /%	歪度	排驱压力 / MPa	最大喉道半径 / μm	分选系数	平均喉道半径 / μm	中值压力 / MPa	中值半径 / μm	进汞饱和度 / %	退汞效率 /%
0.114	11.330	0.480	1.707	0.431	2.544	0.153	6.991	0.105	83.224	34.447
0.425	13.140	0.345	1.368	0.537	2.625	0.162	8.838	0.086	82.292	28.490
0.315	15.410	0.196	0.468	1.572	3.020	0.349	8.028	0.093	79.200	25.681
0.019	4.720	0.287	8.269	0.089	1.654	0.033	29.228	0.026	66.711	31.084
0.834	15.560	0.184	2.054	0.358	2.474	0.110	15.201	0.051	75.136	29.845
2.018	17.020	0.415	0.676	1.088	2.983	0.291	4.759	0.158	83.336	31.211
0.015	3.930	0.379	8.262	0.089	1.652	0.034	26.061	0.029	72.568	25.217
1.71	15.650	0.289	0.195	3.769	2.883	0.797	2.529	0.304	89.833	31.396
2.200	17.110	0.417	0.194	3.785	3.021	1.065	1.440	0.527	90.198	30.596
3.43	17.460	0.304	0.194	3.786	3.101	1.021	2.098	0.359	86.853	32.093
0.96	17.200	0.409	0.332	2.214	2.855	0.682	2.227	0.340	85.779	32.480
0.935	16.150	0.474	0.332	2.215	2.721	0.693	1.653	0.449	92.057	31.153

根据岩心喉道分布及渗透率贡献率分布特征（见图 2–9），可将 W 油区特低渗透岩心分为两类：第一类为渗透率小于 $1\times10^{-3}\mu m^2$ 的岩样，喉道分布峰值主要集中在 0.16~0.63μm，最大喉道半径为 0.089~2.214μm，平均喉道半径集中在 0.033~0.693μm；第二类为渗透率在 $1\times10^{-3}\mu m^2$~$4\times10^{-3}\mu m^2$ 的岩样，喉道分布峰值集中在 0.4~1.6μm，最大喉道半径为 1.088~3.786μm，平均喉道半径主要在 0.291~1.065μm。进汞量曲线的递增总是滞后于渗透率贡献曲线的递增，且其幅度低于渗透率贡献递增的幅度；渗透率贡献分布比进汞量分布更偏向粗喉道一端。这说明，较为粗大的孔喉对渗透率贡献较大，而较小的喉道对多孔介质的渗透率贡献较小。孔喉半径小于 0.1μm 的孔喉在孔喉总体积中占较大比例，此部分为非有效孔喉体积，一般在 30% 以上，说明非有效孔喉体积较大。由此可见，中、小喉道在储层中主要起储集作用，而大喉道在储层中主要起渗流通道的作用。

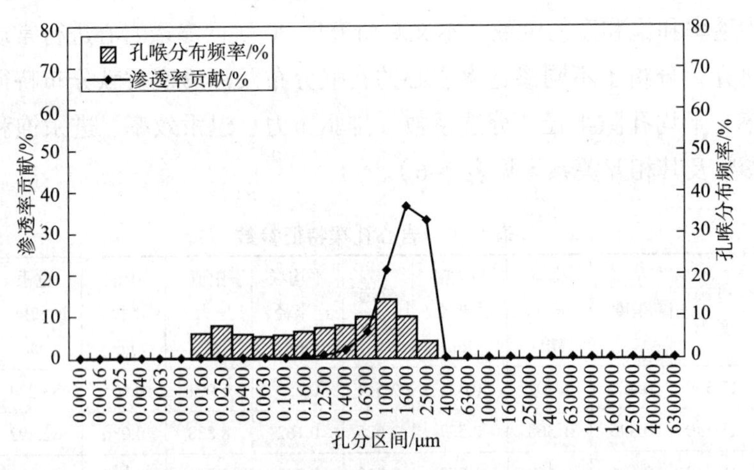

图 2–9 孔喉分布频率和渗透率贡献关系图

通过岩心流体饱和度测定方法测得长 4+5 储层水相饱和度为 42.48%~92.78%，平均值为 57.92%，从水相饱和度来看，该储层属于中度水淹。

2.5.3 可动流体饱和度特征

1）核磁共振测试原理

核磁共振现象是磁性核子对外加磁场的一种物理响应。核磁测量过程中的分子扩散运动使得分子多次与岩石表面发生碰撞，在每次碰撞中，可能会发生两种弛豫过程：一是质子将能量传给岩石颗粒表面，从而产生出纵向弛豫 T_1；

二是自旋相位发生不可恢复的相散，从而产生出横向弛豫 T_2。但 T_1 的测量时间很长，因此在岩石核磁共振应用中广泛采用横向弛豫 T_2。

根据核磁共振技术原理，横向弛豫时间 T_2 能够反映出孔隙在岩心中的存在状况，T_2 弛豫时间可表示为：

$$\frac{1}{T_2}=\rho\frac{S}{V} \tag{2-1}$$

式中　T_2——单个孔隙内流体的核磁共振驰豫时间，ms；

ρ——表面弛豫强度，取决于孔隙表面性质和矿物组成；

$\frac{S}{V}$——单个孔隙的比表面，与孔隙半径成反比，mm^{-1}。

可以看出，当 ρ 为一定值时，由于孔隙半径与其比表面成反比，因此较大孔隙的比表面较小。由式（2-1）可知，较大孔隙的 T_2 弛豫时间较长；反之，较小孔隙对应的 T_2 弛豫时间较短。当储层中孔隙半径小到一定程度时，孔隙中的流体渗流阻力增大致使流体难以流动，此时对应的 T_2 弛豫时间常被称为可动流体 T_2 截止值，也就是在 T_2 弛豫时间谱上存在对应的一个界限值，该值就是岩石孔隙中的可动流体和束缚流体的分界线；当孔隙流体的 T_2 驰豫时间小于 T_2 截止值时，该流体称为束缚流体，反之为可动流体。

2）可动流体测试结果

为了更好地描述可动流体在储层中的分布特征，研究过程中引入了两个参数：可动流体百分数和可动流体孔隙度。可动流体百分数是指岩样全部流体中可动流体所占的百分比，可动流体百分数越大，说明储层中可动用的储量越多，采出程度越高；可动流体孔隙度顾名思义就是岩样孔隙度与可动流体百分数的乘积，也就是岩样中可动流体的含量大小，可动流体孔隙度越大，储层越有开发潜力。

不同孔隙中的流体具有不同的弛豫时间，弛豫时间谱在油层物理上的含义为岩石中不同大小的孔隙占总孔隙的比例。从弛豫时间谱中可以得到孔隙度、渗透率、可动流体百分数及孔径分布等丰富的油层物理信息。因此挑选出具有代表性的 6 个岩样在岩心饱和水状态下和离心后剩余含水的核磁共振 T_2 谱（结果如图 2–10 所示），进行对比分析。

从核磁共振测试图谱可以看出，6 块岩样的 T_2 谱形态变化较大，单双峰结构均有，单峰极少、双峰居多。双峰结构中还存在左右峰不等型和左右峰基本相等型，其中左右峰不等型均为左峰高右峰低型，表明该类储层孔隙类型较复杂，小孔隙多、大孔隙少。常规压汞测试孔隙结构发现（见表 2–7），左右峰基

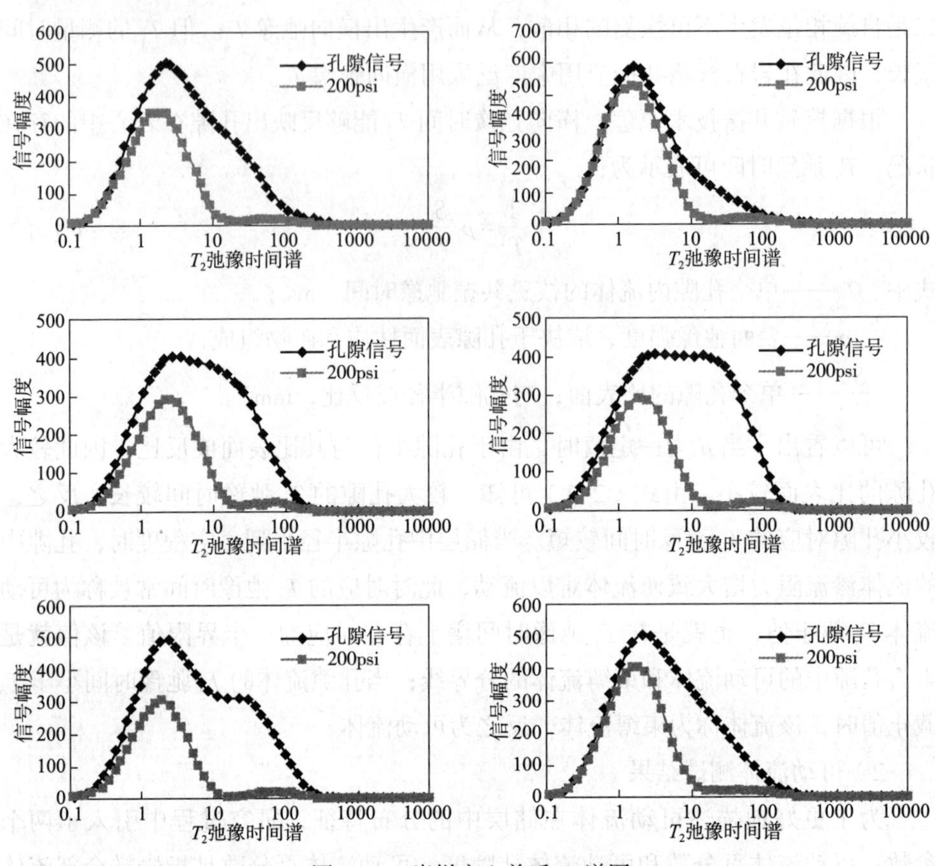

图 2-10　岩样离心前后 T_2 谱图

表 2-7　岩心孔喉特征参数

岩心类型	渗透率 / $10^{-3}\mu m^2$	孔隙度 / %	歪度	排驱压力 / MPa	最大喉道半径 / μm	分选系数	平均喉道半径 / μm	进汞饱和度 / %	退汞效率 /%
左峰高右峰低	0.315	15.410	0.196	0.468	1.572	3.020	0.349	79.200	25.681
左右峰基本相等	3.43	17.460	0.304	0.194	3.786	3.101	1.021	86.853	32.093

本相等型与左峰高右峰低型相比：孔隙度、分选系数相差不大，渗透率相差较大，偏粗歪度，进汞饱和度和退汞效率均较高，这说明岩石孔隙结构复杂，渗透率是决定储层物性的关键因素。通过离心前后 T_2 谱图比较，离心前后左峰的变化不大，而右峰离心后基本消失，这说明左峰对应的是束缚状态的流体，右峰对应的是可动流体。可动流体百分数和可动流体孔隙度随着孔隙度与渗透率

的变化曲线如图 2-11 所示。可以看出，孔隙度的变化对可动流体百分数和可动流体孔隙度的影响无规律性。渗透率的变化对两参数的影响分为两部分：当渗透率小于 $0.50\times10^{-3}\mu m^2$ 时，岩样可动流体孔隙度和可动流体百分数的变化基本不受渗透率的影响；当渗透率大于 $0.80\times10^{-3}\mu m^2$ 之后，随着渗透率的增加，渗透率与两个参数具有较好的线性正相关关系。

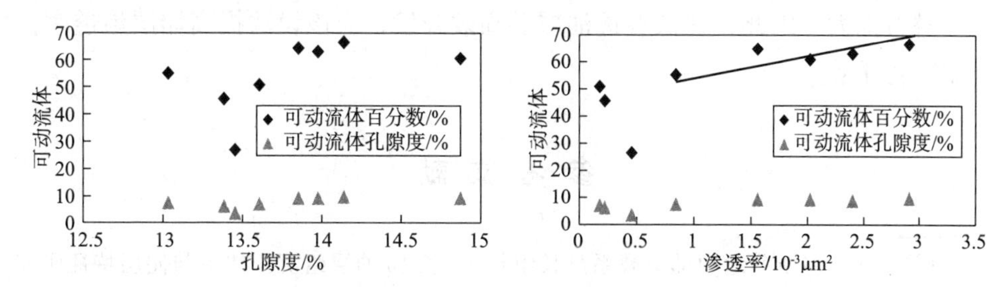

图 2-11　可动流体百分数和可动流体孔隙度随着孔隙度与渗透率的变化曲线

不同渗透率岩样饱和水状态下的核磁共振 T_2 谱如图 2-12 所示。可以看出，随着渗透率增大，T_2 谱逐渐出现右峰，呈现出双峰模式，且随着渗透率的增加，右峰不断升高，说明渗透率大的岩样中大孔隙所占比例较多。

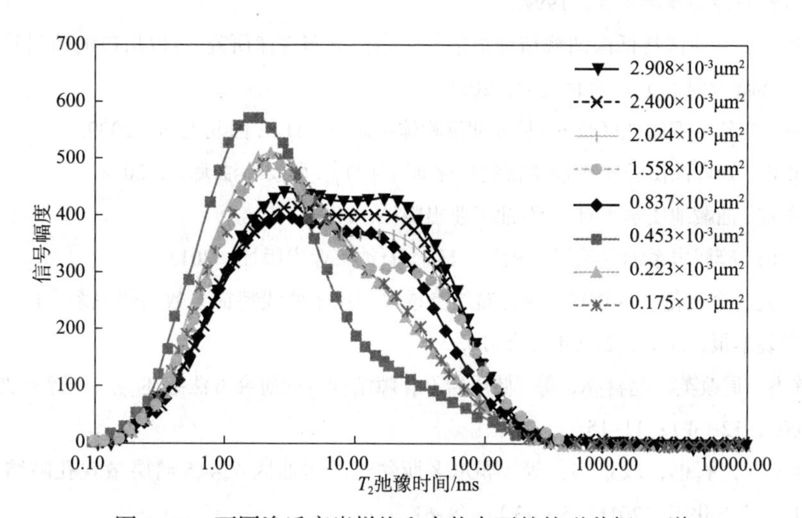

图 2-12　不同渗透率岩样饱和水状态下的核磁共振 T_2 谱

综上所述，从核磁共振测试图谱可以看出，陕北地区延长组长 4+5 储层岩样的 T_2 谱形态变化较大，呈现出单峰、双峰两种形态，说明储层孔隙结构多样、类型复杂。随着渗透率增大，T_2 谱逐渐出现右峰，呈现出双峰模式，且随着渗透率的增加，右峰不断升高，说明渗透率越大，大孔隙含量越多。当渗透率小于 $0.50\times10^{-3}\mu m^2$ 时，岩样可动流体孔隙度和可动流体百分数的变化基本不受渗透率的影响；当渗透率大于 $0.80\times10^{-3}\mu m^2$ 之后，随着渗透率的增加，渗透率与两个参数具有较好的线性正相关关系。可动流体百分数范围为 26.69%~66.39%，平均为 54.21%。当渗透率小于 $0.50\times10^{-3}\mu m^2$ 时，随着渗透率的下降，可动流体百分数也随之减小，最小为 26.69%；当渗透率大于 $0.80\times10^{-3}\mu m^2$ 时，岩样可动流体百分数均大于 55%。可见，渗透率较大的储层开发潜力也大。因此，特低渗透油层要高效开发，应该设法提高储层渗透率，例如压裂开采。

参考文献

[1] 李渭. 鄂尔多斯盆地中部王叠系延长组长 7、长 10 油层组沉积体系与储层特征研究［D］. 西北大学，2015.

[2] 罗婷婷. 陕北地区 A 油田低渗透油藏 CO_2 驱油藏表征与数值模拟［D］. 西北大学，2016.

[3] 宋国初，李克勤. 陕甘宁盆地大油田形成与分布［A］，见：张文昭主编，中国陆相大油气田石油工业出版社，1997.

[4] 郭顺. 陕北地区特低渗油藏精细描述与剩余油分布规律研究 — 以川口油田川井区延长组长油藏为例［D］. 西北大学，2011.

[5] 陈露. 三岔 – 贺旗地区长 6– 长 8 期沉积体系研究［D］. 西北大学，2009.

[6] 陈琪涅. 姬塬油田长 4+5 油藏富集规律研究［D］. 西安石油大学，2014.

[7] 伍友佳. 油藏地质学［M］. 石油工业出版社，2000.

[8] 于兴河. 碎屑岩系油气储层沉积学［M］. 石油工业出版社，2013.

[9] 廖明光，李士伦，谈德辉. 砂岩储层渗透率与压汞曲线特征参数间的关系［J］. 西南石油学院学报，2001，23（4）：5–10.

[10] 陈杰，周改英，赵喜亮，等. 储层岩石孔隙结构特征研究方法综述［J］. 特种油气藏，2005，12（4）：11–15.

[11] 陈芳萍，石彬，段景杰，等. 鄂尔多斯盆地油沟油区长 4+5 储层微观孔隙结构特征［J］. 广东化工，2016，5（43）：58–61.

[12] 王苏里. 陕北地区 Y 油田 A 井区致密砂岩油藏 CO_2 驱油目的层优选与数值模拟［D］. 西北大学，2016.

3 注 CO_2 提高采收率机理

3.1 CO_2 物理化学性质

CO_2 是一种无机物，俗称碳酸气，在常温、常压下为无色无味气体，在一般情况下化学性质不活泼，但在一定催化剂的作用下就可以参加很多反应，表现很活泼。CO_2 在不同条件下以不同的状态存在，在低于临近温度时，纯 CO_2 可以在较为广泛的压力范围之内以气态或液体存在；当高于 31℃后，无论压力怎么变化，CO_2 都以气态存在；当温度低到一定程度时，CO_2 就以固态形式存在，俗称干冰。CO_2 在温度大于 31.1℃、压力大于 7.38MPa 时为超临界状态，经测算得 CO_2 临界值如表 3–1 所示。

表 3–1　CO_2 临界值

温度 /℃	31
压力 /MPa	7.399
密度 /（g/cm³）	0.467
黏度 /（mPa·s）	0.03335
体积 /［cm³/（g·mol）］	94.24
偏差系数	0.275

CO_2 作为一种有效的驱油剂被众多学者及油田作业者研究和使用，它之所以能提高原油采收率，主要是由于 CO_2 溶解在原油中，使得原油的体积变大，从而使得含油孔隙随着原油体积的增加而增加，这就为原油的流动提供了方便的条件；CO_2 易溶于水，使水的黏度增加从而流动性降低，其水溶液成弱酸性使碳酸盐岩溶解，增加了储层的流通性和渗透率等。

3.1.1 CO_2 的密度

在常温常压下，CO_2 以气态形式存在。

（1）在温度不太低、压力不太高时，气态 CO_2 的密度可按理想气体计算：

$$\rho=pM/(RT) \tag{3-1}$$

（2）在温度比较低、压力较高时，气态 CO_2 的密度计算公式为：

$$\rho=pM/(ZRT) \tag{3-2}$$

式中 ρ——气体密度，kg/m³；

T——绝对温度，K；

P——压力，Pa；

M——气体分子量，g；

R——气体常数，值为 8.314N·m·(mol·K)$^{-1}$；

Z——偏差系数。

由图 3-1 可以看出，气态 CO_2 的密度变化与温度成反比关系，而与压力成正比关系。

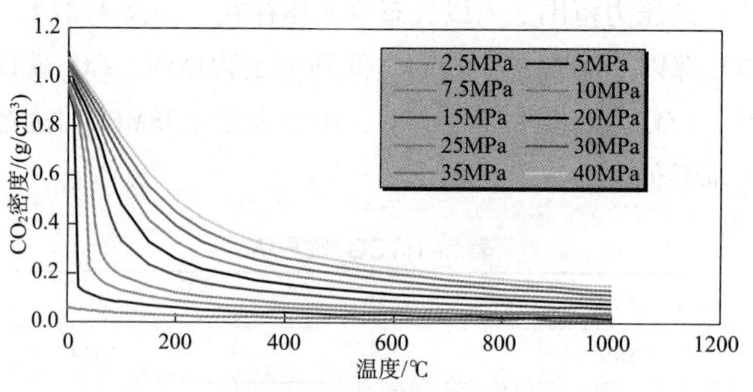

图 3-1 气态 CO_2 密度与温度、压力关系图

液态 CO_2 密度计算公式为：

$$\rho=\omega/\omega_1 \cdot \rho_1 \tag{3-3}$$

式中 ρ_1——某一状态（P_1，T_1）密度，kg/m³；

ω——液体在对比状态（$P_r=P/P_c$，$T_r=T/T_c$）下的膨胀系数；

ω_1——液体在对比状态（$P_{r1}=P_1/P_c$，$T_{r1}=T_1/T_c$）下的膨胀系数。

液态 CO_2 的密度受压力影响很小，温度对其有显著影响，随温度的升高，液态 CO_2 密度明显降低，见图 3-2。

固态 CO_2 的密度基本不因压力的变化而改变，只在一定程度上受到温度的影响，但影响程度较小。当温度从 −100℃上升到 −60℃时，CO_2 的密度才降低

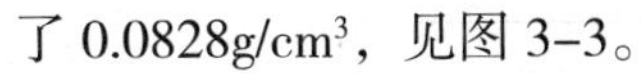

了 0.0828g/cm³，见图 3-3。

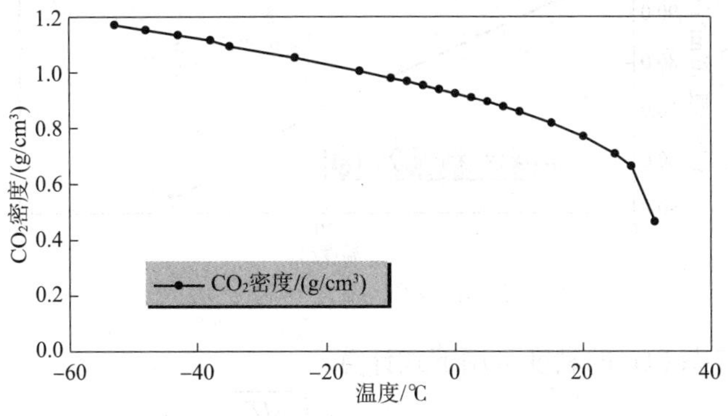

图 3-2　液态 CO_2 密度与温度关系图

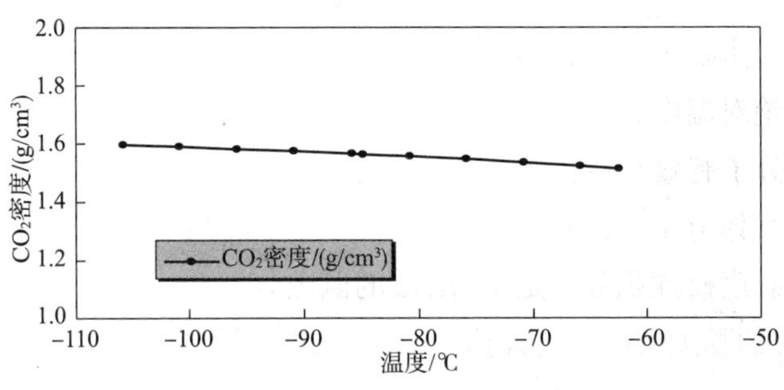

图 3-3　固态 CO_2 密度与温度关系图

3.1.2　CO_2 的黏度

当油藏温度保持不变时，气态 CO_2 的黏度随着压力的升高而增大。在压力比较低的情况下，气态 CO_2 的黏度随温度的升高而略增加（见图 3-4）；反之，在高压情况下，随着温度的升高而降低。液态 CO_2 对温度非常敏感，随着温度的降低，其黏度增加幅度很大（见图 3-5）。

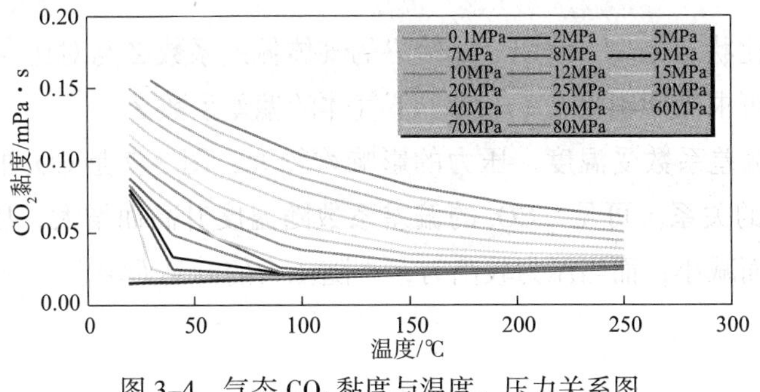

图 3-4　气态 CO_2 黏度与温度、压力关系图

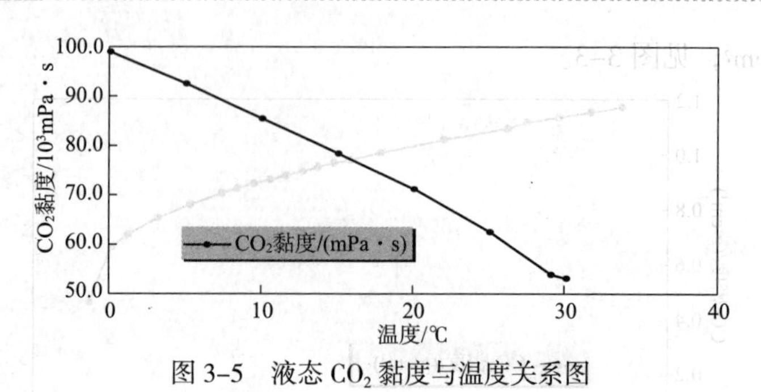

图 3–5　液态 CO_2 黏度与温度关系图

常压下气态 CO_2 的黏度可用下式计算：

$$\mu = 2.6693\times10^{-3}\sqrt{\frac{MT}{d^2\Omega_\mu^*}} \tag{3-4}$$

式中　μ——气体黏度，mPa · s；

T——绝对温度，K；

d——分子有效直径；

M——气体分子量，g；

Ω_μ^*——黏度碰撞积分，是 $T^*=KT/\varepsilon$ 的函数。

液态 CO_2 的黏度可由下式计算：

$$\mu = 0.399\frac{e^{3.83\frac{T_b}{T}}}{V} \tag{3-5}$$

式中　μ——液体黏度，mPa · s；

T——绝对温度，K；

T_b——0.1MPa 下的沸点；

V——1 克分子液体的体积，cm^3。

3.1.3　CO_2 的偏差系数

利用对比状态原理，由图 3–6 给出的气体偏差系数 Z 与对比参数（p_r，T_r）的关系，即可求出任一状态（p，T）下气体的偏差系数 Z。

CO_2 的偏差系数受温度、压力的影响均较大，图 3–7 是 CO_2 的偏差系数与温度、压力的关系。可见，CO_2 的偏差系数随温度升高而增大，压力较低时，随压力升高而减小；而当压力较高时，则随压力的升高而增大。

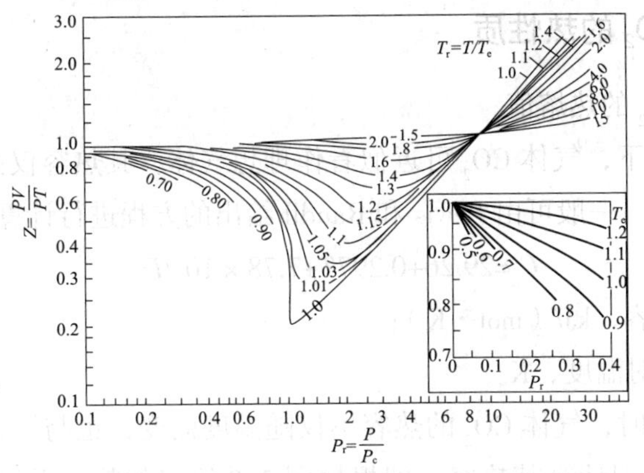

图 3-6 对比状态下气体的偏差系数

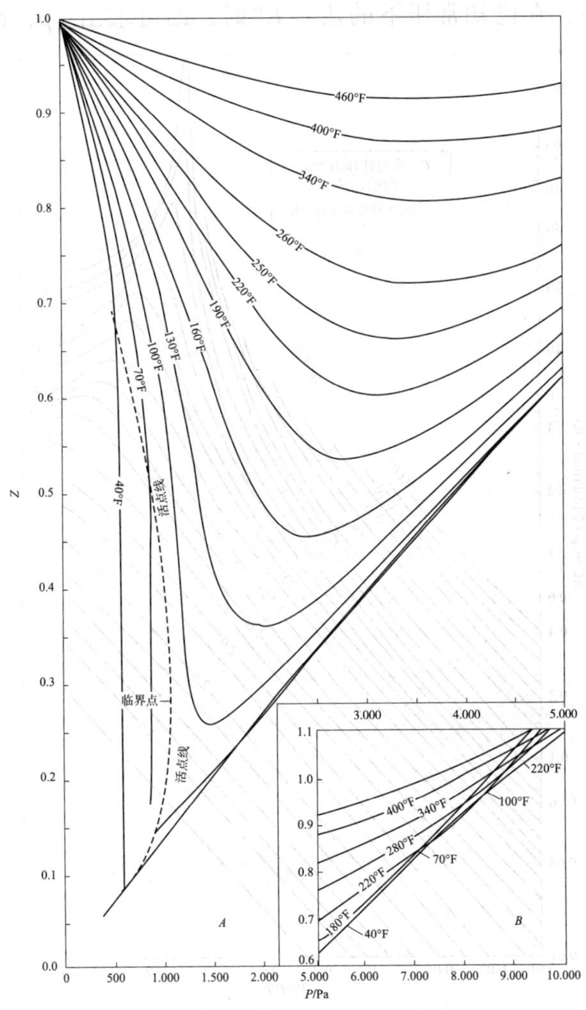

图 3-7 CO_2 偏差系数与温度、压力的关系

3.1.4 CO_2 的热性质

1）气体 CO_2 的热熔值

在较低压力下，气体 CO_2 可近似看作理想气体，其热容仅是温度的函数，与压力关系不大。一般可由 Lewis 和 Randll 给出的方程进行计算，

$$C_p=29.26+0.297T+7.78\times10^{-6}T^2 \tag{3-6}$$

式中 C_p——热容，kJ/（mol·K）；

T——绝对温度，K。

当压力较高时，气体 CO_2 的热容不仅随温度而变，也与压力有关，此时可应用对比状态原理计算其热容，即根据图 3-8 给出的热容差 ΔC_p 与对比参数（p_r，T_r）的关系，在已知常压下的热容 C_p^0 时，即可求出（p，T）对应的热容

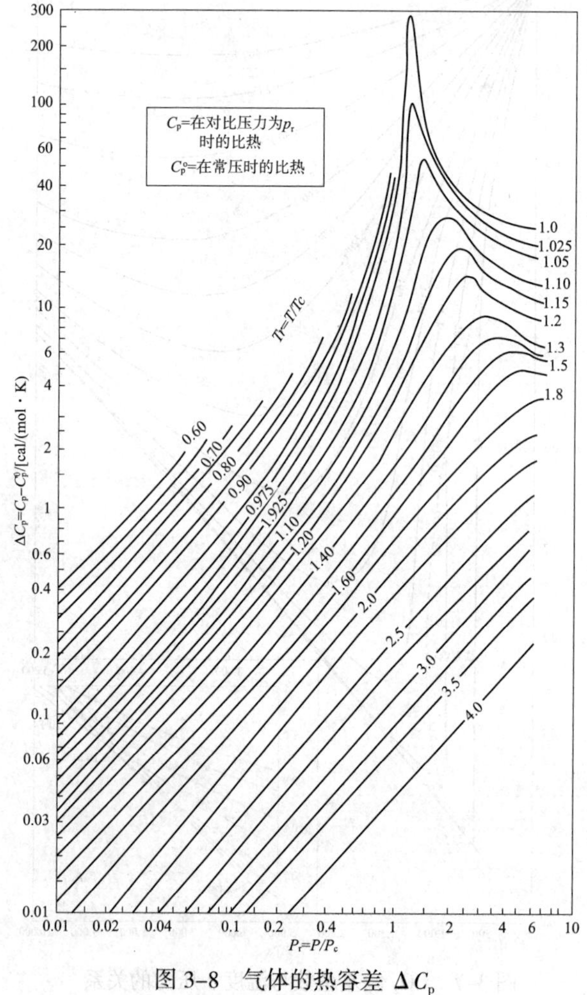

图 3-8 气体的热容差 ΔC_p

$C_p=C_p^0+\Delta C_p$。不同温度和压力下气体 CO_2 的热容值见表 3–2。

表 3–2 不同温度和压力下气体 CO_2 的热容值

压力 /MPa	热容值					
	0℃	25℃	50℃	100℃	200℃	300℃
0.1013	36.781	37.600	38.628	40.276	43.720	46.515
0.5066	39.546	39.546	39.904	41.014	44.030	46.695
1.013	43.301	42.122	41.753	41.992	44.389	46.904
2.533	—	52.046	48.182	45.247	45.467	47.564
5.066	103.633	—	61.062	51.497	47.364	48.652
10.13	94.248	—	—	71.545	52.206	51.118
20.27	89.286	106.309	120.606	93.430	61.441	55.381
30.4	84.504	95.635	99.690	84.235	67.092	58.855
40.53	79.902	90.125	91.223	78.533	67.841	61.441
50.66	76.048	85.842	86.261	74.121	67.002	62.739
60.8	74.021	83.685	83.136	70.447	66.123	63.118
81.08	72.184	81.658	77.981	65.295	64.956	62.829
101.3	71.445	80.371	74.860	63.818	64.206	62.739

2）液体 CO_2 的热熔

液体 CO_2 的热容可用如下的方法确定。若已知液体 CO_2 在某一状态（p_r，T_r）下的热容 C_{p1}，则可用下式求出在其他状态（p，T）时的热容 C_p。

$$C_p \quad C_{p1}\left(\text{—}\right)^{2.8} \tag{3–7}$$

式中 ω，ω_1——分别为液体在对比状态（p_r，T_r）、（p_{r1}，T_{r1}）下的膨胀因素。

表 3–3 是不同温度下液体 CO_2 的热容值。可见，其热容随温度升高而增大。

表 3–3 液体 CO_2 的热容

温度 /℃	−50	−40	−30	−20	−10	0	10	20
热容 /[kJ/(mol· ℃) $^{-1}$]	1.96	2.05	2.15	2.26	2.38	2.51	2.68	2.84

3）固体 CO_2 的热熔

固体 CO_2 的热容可应用下面经验公式计算：

$$C_p=73.568-0.521T-2.299\times10^{-3}T^2 \tag{3–8}$$

式中 C_p——热容，kJ/（mol · K）；

T——温度，K。

使用此式的温度范围为163~217K。

表3–4是不同温度下固体 CO_2 的热容值，可见，随温度升高热容增大。

表3–4 固体 CO_2 的热容

温度 /℃	−253.7	−247.7	−235.3	−184.7	−72.6
热容 /［kJ/（mol·℃）］	1.078	2.0592	4.378	9.284	13.376

3.2 CO_2 与原油的作用机理

CO_2 提高原油采收率的一个重要原因是它可以溶解到原油中，从而使原油体积膨胀、黏度降低、流动性增加，改善界面张力。

3.2.1 膨胀作用

油田注入二氧化碳时，二氧化碳都是液态形式。当液态二氧化碳注入到地层之后，地层温度相对地面条件要高出很多，二氧化碳密度快速下降，体积膨胀，部分二氧化碳溶解于原油中，原油体积膨胀，这样不但补充了前期开采的地层能量损失，而且增加了原油的流动性，流动剩余油在弹性能的驱动之下被采出，提高了原油采收率，使得产量增加。

有数据显示，CO_2 在原油中的溶解度可达 $55m^3/m^3$，且溶解度随着压力的增加而增加，随着温度与地层水矿化度的增加而减小。如恒温下压力为5.17MPa时，CO_2 在原油中的溶解度为 $12.92m^3/m^3$；当压力增加到12.49MPa时，CO_2 在原油中的溶解度为 $53.51m^3/m^3$。通常，原油溶解 CO_2 后体积的膨胀用膨胀系数来表示，在分子结构相同的情况下，膨胀系数随着碳原子数的增加而减小；当碳原子数相同时，环烷烃的膨胀系数大于链状烃的膨胀系数；CO_2 含量越高，上述两种变化越明显，原油烃组分膨胀系数随着 CO_2 含量的增加呈现斜率递增的凹形上升形态。一般地，随着压力的增加，原油膨胀系数增加，但是当压力增加到一定值之后，会导致原油中的轻烃挥发，此时的膨胀系数就是轻烃挥发和 CO_2 溶解两方面的综合作用，如果轻烃挥发量大于 CO_2 溶解量，那么膨胀系数有可能小于1。

3.2.2 降黏作用

二氧化碳溶解于原油中，使得原油的黏度很大幅度的降低。据研究表明，原油黏度能降低到原来黏度的10%，大大增加了原油的流动性。而且二氧化碳在原油中的溶解度与原油的黏度成正比，也就是说，往往原油黏度越大，溶解的二氧化碳越多，使得原油黏度降低的值差就越大。

相比较空气、氮气，二氧化碳能够与原油很好地互溶；相比溶解于水的话，二氧化碳在原油中溶解的量要比在水中溶解的量多 2~8 倍。原油溶解 CO_2 体积膨胀后，黏度会降低，如图 3-9 所示。随着 CO_2 注入量的增加，原油黏度减小幅度先大后小，最后趋于平稳；原油初始黏度越大，其溶解 CO_2 之后黏度降低幅度越大。郑文龙 2014 年测试在 70℃时原油黏度随 CO_2 注入量的变化，未注入 CO_2 时原油黏度为 42040mPa·s，当注入 5%~50%CO_2 时，原油黏度分别为 9627~9677mPa·s。尤其是超临界 CO_2（P=3.78MPa，T=31.1℃），还可以将烃类由轻到重的萃取到 CO_2 中。这样经过多次接触，CO_2 就能够与轻质油混相，从而大大提高原油采收率；与重质油则最终形成非混相驱替，驱油效果远不如轻质油。

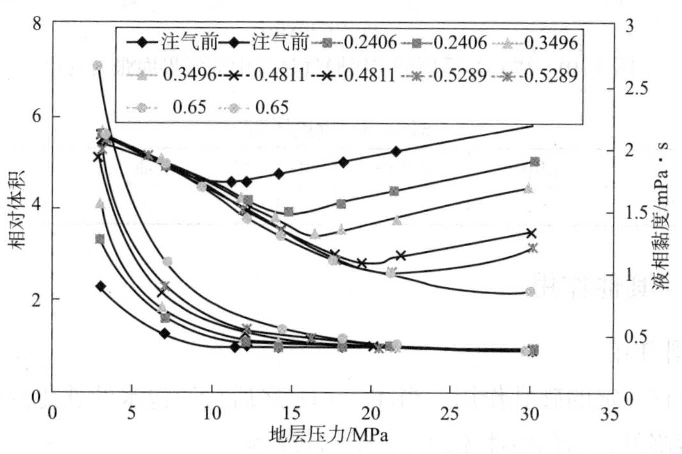

图 3-9 注 CO_2 后原油 PV 关系中的相对体积和油黏度变化规律

3.2.3 改善界面张力作用

当地层中的原油在一定条件下与注入到地层中的二氧化碳通过分子扩散作用互溶之后，原油就会随着气体在孔隙中流动，使得原本被毛细管压力束缚的原油与注入的二氧化碳形成混合流体，界面张力变小，从而被采出，见图 3-10。在一定的压力条件下，二氧化碳与原油可达到混相，使油气界面张力降低为零，完全消除毛管压力的阻碍作用。

研究表明，CO_2 气体注入地层后油气间界面张力可以得到明显改善，且油气间界面张力的变化与压力负相关：随着地层温度的升高，油气界面张力先降低后上升，如表 3-5 所示。此外，原油中各组分含量的变化对油气间界面张力也有影响：中间烃组分含量越高，界面张力越小；重烃含量越高，界面张力越大。特别地，界面张力会随着甲烷含量的增加而增加，也就说明中间烃含量越高的油越适合 CO_2 驱替。

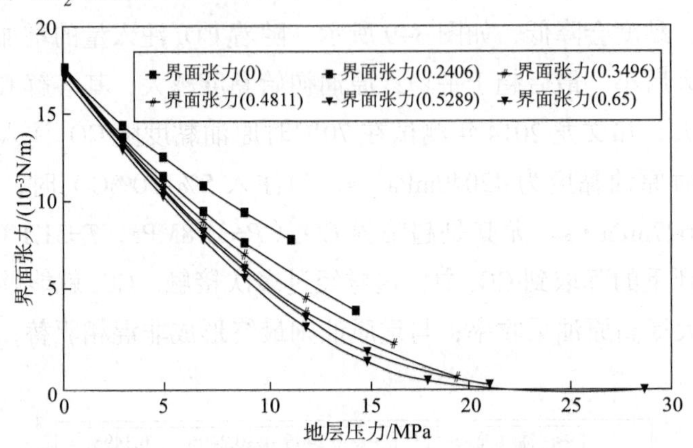

图 3-10　注 CO_2 后原油多级脱气过程中油气界面张力变化

表 3-5　折点压力

溶剂	正庚烷	正葵烷	正十六烷	柴油	原油	脱气原油
转折点压力 /MPa	5.1	5	5.2	5.2	5	5

3.2.4 其他作用

1）破乳作用

CO_2 具有一定的破乳作用，当注入 CO_2 之后，油包水的乳化液破乳，原油黏度大幅度降低，增加原油流动性，增加采收率。

2）酸化解堵作用

CO_2 与地层中的水反应之后形成弱酸性的碳酸，并与地层中的碳酸钙等基质发生反应，使得部分胶结物溶解得到碳酸氢盐，从而提高油层的渗透率。与此同时，CO_2 具有抑制黏土颗粒膨胀的能力，使渗流通道面积加大，而且碳酸与胶结物反应还会解除近井地带污染，增大原油流入井筒的能力。

3）调剖作用

如果采用二氧化碳复合驱，那么 CO_2 在地层中与表面活性剂形成丰富、稳定的泡沫，这样一来就会让 CO_2 的释放速度得到抑制。当泡沫通过大孔道流向小的孔隙时，就会形成贾敏效应，从而使得高渗透率的油层暂时得到封堵，低渗透率油层中的原油得到驱替，最终使得原油采收率升高。

3.2.5 CO_2 与原油的混相原理

在气驱开采过程中，由于注入气及原油的性质等条件的不同，将注气驱分为混相驱替和非混相驱替。在非混相驱替过程中，油气界面张力高，因此毛管数的增加就有利于增加采收率；混相驱替油气界面张力为零，此时毛管数趋于无穷大，采收率最好。混相驱又分为一次接触混相和多次接触混相。一次接触混相过程是指按任意比例注入驱替剂均能与原油互溶、保持单相，这是最简单直接有效的混相方法，一般将中等分子量烃类作为一次接触混相的驱替剂，但是这种混相方式用料难寻、费用太高，所以一般我们所说的混相都是指多次接触混相。在注入气体后，油藏原油与注入气之间出现就地的组分传质作用，形成一个驱替相过渡带，其流体组成由原油组成变化过渡为注入流体的组成。这种原油与注入流体在流动过程中重复接触而靠组分的就地传质作用达到混相的过程，称作多次接触混相或动态混相。在多次接触混相过程中，注入气体与原油经过不断接触组分传质扩散，消除界面张力，形成“活塞驱替”，降低残余油饱和度。由于混相驱采收率远远高于非混相驱，所以混相驱被人们广泛研究，但是并不是所有驱替剂在任何条件下都能与原油达到混相，只有 CO_2 在地层条件下才有可能与原油混相，最小混相压力就是区分混相驱与非混相驱的分界限。

CO_2 与原油多级接触混相的过程如图 3-11 所示。CO_2 气体注入与原油初步接触后，由于 CO_2 气体的萃取作用形成 M_1 混合体系，根据相态平衡原则，M_1 混合体系会生成平衡气相 G_1 和平衡液相 L_1。气相 G_1 中 C_2~C_6 组分含量比原始 CO_2 增加，液相 L_1 中 C_2~C_6 组分含量比原油减少，经过萃取作用，气体富化，原油变重。当 G_1 再与原油接触就形成 M_2 混合体系，同样地生成平衡气相 G_2 和平衡液相 L_2，G_2 中 C_2~C_6 组分含量比 G_1 中高，L_2 中 C_2~C_6 组分含量 L_1 减少。就这样经过多次接触、萃取、抽提作用，气体不断富化，最终达到气液平衡相态使气液完全混相。由此可见，原油轻烃组分含量越高，油气越容易达到混相。

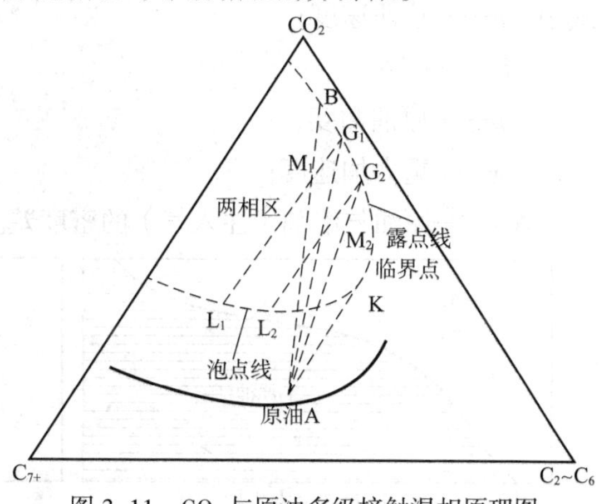

图 3-11 CO_2 与原油多级接触混相原理图

只要油藏原油的组成位于极限系线上或其右侧，注入气组成位于极限系线左侧，依靠多次接触气驱机理就可能达到混相。如果原油组成位于极限系线的左侧，则气体的富化仅能发生到位于延长后通过原油组成的系线上的平衡气体的组成。例如，假设图 3–11 上位于 G_1L_1 延长线上有油藏 B，则注入气体驱替油藏 B 的原油时，只能被富化到平衡气体 G_1 的组成，但不会富化到超过这一组成，因为气体 G_1 进一步接触油藏原油仅能产生位于通过 G_1 系线上的混合物。

3.3 注气过程中的影响因素

3.3.1 混相驱替中的流态

流度比是混相驱替设计中最重要的参数之一，混相驱中的流度比往往大于 1，即对流动不利。在不利的流度比情况下，Crane 等从一个二维剖面均质模型的流动试验发现有 4 种流态（见图 3–12），这 4 种不同流动形态主要取决于黏滞力 / 重力比，定义为：

$$R_{\frac{v}{g}}=R_1\left(\frac{L}{h}\right)=\left(\frac{u\mu_o}{Kg\Delta\rho}\right)\left(\frac{L}{h}\right) \tag{3–9}$$

式中 u——达西速度；

L——井距；

μ——原油黏度；

g——重力加速度；

$\Delta\rho$——原油与溶剂（注入气）的密度差。

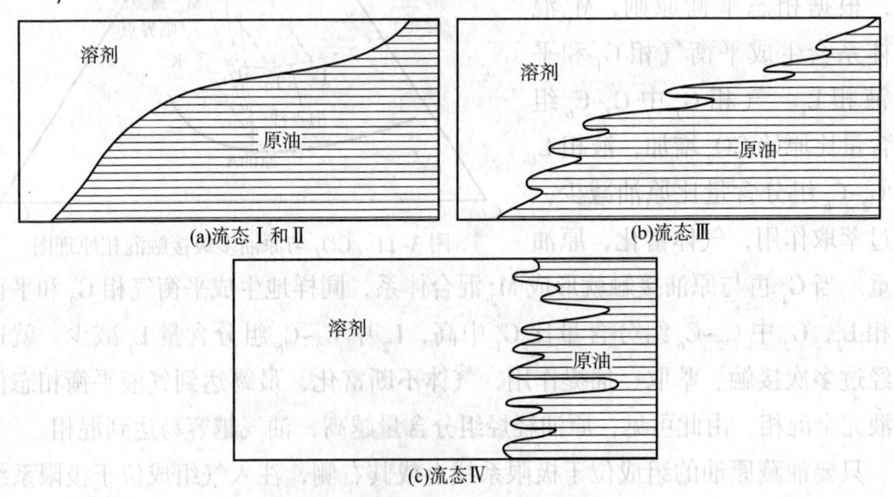

图 3–12 垂向横剖面中混相驱替的流态

使一种流态过渡到另一种流态的黏滞力/重力比值取决于驱替流体和油藏流体的流度比，流度比越大，混相驱替从单一的超覆石油的重力舌进（流态Ⅰ）过渡到黏性指进控制的流态（流态Ⅳ）所要求的黏滞力/重力比值越大。

式（3-8）适用于均质油层垂向渗透率与水平渗透率相同、存在束缚水下的混相驱情况，如果垂向渗透率不等于水平渗透率，一种近似的方法是用 $\sqrt{K_V \cdot K_H}$ 代替 K 表示垂向渗透率效应。在气水交替混相驱中，存在可动水，将改变黏滞力/重力比和流度比。黏滞力/重力比值用下式计算：

$$R=\frac{\mu}{\Delta\rho \cdot g} \cdot \frac{1}{\sqrt{K_V \cdot K_H}\left(\frac{K_{ro}}{\mu_o}+\frac{K_{rw}}{\mu_w}\right)} \cdot \left(\frac{L}{H}\right) \tag{3-10}$$

在垂向渗透率与水平渗透率比值小于1和气水交替注入时，混相驱的黏滞力/重力比增大，可动水使流度比降低。

气体突破时，剖面驱扫效率与流度比和黏滞力/重力比的关系示于图3-13。

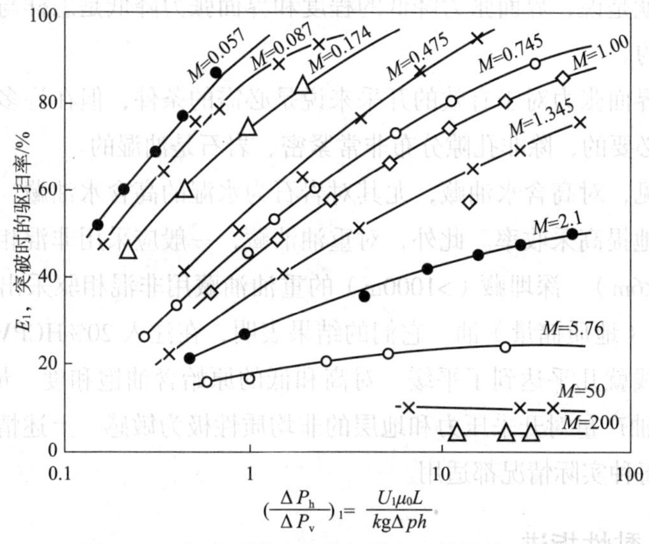

图 3-13　突破时的垂向驱扫效率，线性均质系统

3.3.2　界面张力

界面张力在混相驱中是非常重要的，主要是因为在计算毛管数时，界面张力是最为敏感和最具修改性的参数。为了显著降低残余油饱和度，通常需要增大毛管数。通过在适当压力和组成条件下将气注入油藏可大大降低界面张力，

而其间的实质是相间传质控制着界面张力的降低程度。

由毛管力公式（$P_c=\dfrac{2\sigma\cos\theta}{\gamma}$）公式可知，界面张力的下降会使气体进入那些在曾经在高界面张力下完全隔离的孔道，提高驱油效率。也就是说，油和注入气之间的毛管力下降，可提高波及系数并减小残余油饱和度。

混相与非混相的区别就在于油气界面张力是否为 0，但是界面张力下降到何种程度而最大限度地采出油量是根据实际地层情况来定的。实际研究表明：

（1）相对于孔隙尺寸分布而言，如果孔隙喉道很小而且较为均匀，为力求达到混相，优化界面张力是非常重要的。

（2）如果孔隙分布不均匀，孔隙尺寸变化大，那么应主要考虑黏度的影响（混相与否可不必考虑）。

（3）对孔喉尺寸较大的体系，由于气体的溶解而使原油降低黏度就显得比降低界面张力更为重要。

（4）实验室测试应该考虑黏度、界面张力、孔隙尺寸分布之间的相互作用的影响。也就是说，界面张力降低的程度和界面张力降低是怎样与孔隙中的流度相互作用的。

（5）低界面张力对于有效的开采来说是必需的条件，但在许多情况下零界面张力是不必要的，除非孔隙分布非常紧密、岩石是油湿的。

由此可见，对高含水油藏，尤其对岩石为水湿的高含水油藏，混相驱并不一定会极大地提高采收率。此外，对重油油藏，一般应采用非混相驱。美国许多小厚度（<6m）、深埋藏（>1000m）的重油油藏用非混相驱采出了比水驱多 30% 的 OOIP（地质储量）油。它们的结果表明，在注入 20%HCPV 段塞的 CO_2 后，采油曲线就几乎达到了平缓。对高和低的原始含油饱和度，最佳 WAG 比为 1∶4。原油产量对开采压力和地层的非均质性极为敏感。上述情况也说明混相驱并非对每种实际情况都适用。

3.3.3 黏性指进

由于油气黏度的不同，黏性指进现象直接影响到气驱采收率结果。黏性指进会使气体过早突破，增大注入气的消耗量，导致气体突破后原油采收率降低。

关于混相驱替的黏性指进，已进行了许多室内实验研究和数学描述。一般将指进归于渗透率的非均质性，流度比增大，黏滞的不稳定性增加，指进的增长速度增大。流体的分散作用使较小的指进合并汇集成更大的指进，其结果是：随着驱替过程的进行，指进在数量上越来越少，而在规模上越来越大，最终把它们减少到一个或两个大的指进，使驱替稳定地进行。科尔给出了二维面积模型指进带长度的计算公式：

$$\Delta L=\left(\mu\cdot H-\frac{1}{\mu\cdot H}\right)\cdot X_{\mathrm{m}} \tag{3-11}$$

式中，μ——有效黏度比。

$$\mu=\left[0.78+0.22\cdot\left(\frac{\mu_{\mathrm{o}}}{\mu_{\mathrm{s}}}\right)^{\frac{1}{4}}\right]^{4} \tag{3-12}$$

式中　μ_{o}、μ_{s}——分别为原油和注入驱替溶剂（气）的黏度；

H——给定岩样非均质性的非均质系数；

X_{m}——平均驱替距离。

值得一提的是，科尔的方法仅适用于岩心级非均质性的影响。

参 考 文 献

[1] Novosad, et al. Experiment and modeling studies of asphaltene equilibrium for reservoir under CO_2 injection[J]. SPE 20530, 1990.

[2] Monger T, Coma J. A Laboratory and Field Evaluation of the CO_2 Huff–n–Puff Process for Light Oil Recovery[C]. SPE 15501.

[3] 张美华主编 . 二氧化碳生产及应用［M］. 西北大学出版社，1988.

[4] F.I. 小斯托卡著 . 混相驱开发油田［M］. 石油工业出版社，1989.

[5] 杨承志等编译 . 混相驱提高石油采收率［M］. 石油工业出版社，1991.

[6] 李士伦，张正卿，冉新权 . 注气提高石油采收率技术［M］. 成都：四川科学技术出版社，2001.

[7] 张怀文，张翠林，多力坤 . CO_2 吞吐采油工艺技术研究［J］. 新疆石油科技，2006，4（16）：19–21.

[8] Liu H, WANG M, ZHOU X, et al. EOS Simulation for CO_2 Huff–n–Puff Process[J]. PETSOC–2005–120.

[9] 任福生，刘艳平，段春风，等 . CO_2 吞吐在断块低渗透油藏的应用［J］. 断块油气田，2002，9（4）：77–79.

[10] 李宾飞，叶金桥，李兆敏，等 . 高温高压条件下 CO_2– 原油 – 水体系相间作用及其对界面张力的影响［J］. 石油学报，2016，37（10）：1265–2172.

[11] 韩海水，袁士义，李实，等．二氧化碳在链状烷烃中的溶解性能及膨胀效应［J］．石油勘探与开发，2015，42（1）：88–93.

[12] 韩海水，李实，陈兴隆，等．CO_2 对原油烃组分膨胀效应的主控因素［J］．石油学报，2016，37（3）：392–397.

[13] 梁萌，袁海云，杨英，等 .CO_2 在驱油过程中的作用机理综述［J］. 石油化工应用 .，2016，35（6）：1–4.

[14] 王海涛，伦增珉，骆铭，等．高温高压条件下 CO_2/ 原油和 N_2/ 原油的界面张力［J］. 石油学报，2011，32（1）：177–180.

4 注 CO_2 提高采收率物理模拟

4.1 流体相态研究

相态对于混相驱替过程是相当重要的。当储层中存在多相流动时，油气体系间会产生相间的扩散、传质和传热；当有气体注入时，流体的物理化学性质如黏度、密度、体积系数、界面张力、气液相组分和组成均会发生变化，对相态的定量描述是了解非均质性、黏性指进，确定能否进行混相驱，研究混相驱和非混相驱机理的重要依据。目前，油田普遍采用由常规相态测试来测试流体的高压物性，也就是 PVT 特性。

4.1.1 常规相态测试

为了研究流体在注气前后的物理化学性质变化，首先要对所确定的油气井进行取样和配样，并分析井流物组成、饱和压力（露点、泡点压力）、恒组成膨胀（CCE）、定容衰竭（CVD）、多级脱气（DLT）、分离试验等，将此配样作为基础注入一定比例的气体，并研究注入气后流体物化性质的变化情况，从而研究注入气对地层流体的相态的影响。

研究流体相态的主要设备目前有国产的也有进口的，但国产 PVT 仪承受压力和温度不高；有些单位有美国 CoreLab 公司 PVT 仪，但它的恒温效果不好、自动化程度不高，已逐渐被闲置；国内目前使用较好的主要是美国 RUSKA 公司的 PVT 仪和加拿大 DBR 公司的 PVT 仪，RUSKA 公司的 PVT 仪的优点是 PVT 室体积大，较适用于测试黑油，但 PVT 筒不是全观察窗，不能直接测定气液界面；而 DBR 公司 PVT 仪是全观察窗的，但 PVT 筒的体积较小，比较适应于测试凝析气的相态行为。如果将两种设备进行组合测试，则能实现多种测试。这两种设备是 20 世纪 90 年代国际先进水平的测试设备，测定条件温度 0~200℃、压力 0~70MPa，其测试的分辨率温度 0.1℃、压力 0.01MPa、体积 0.01mL，并有配套的密度仪。整体系统的自动化程度较高，可实现程序控制和实时记录 PVT 系统的数据。

地层流体相态变化发生在地层高温高压下，常称为高压物性。在体系组成确定以后，流体的主要相态特征受地层压力、温度和体积的控制，因此常又称之为 PVT 特性。PVT 特性的研究对油气田开发中的储量计算、流体类型划分、开发方式选择、油气田地面工程集输设计、开发方案的数值模拟、油气田动态分析等都有极其重要的意义。

常规地层流体相态研究有井流物组成、饱和压力（露点、泡点压力）、恒组成膨胀（CCE）、定容衰竭（CVD）、多级脱气（DLT）、分离试验等，油气流体的 PVT 测试有相应的测试标准。对于原油可按 SY/T 5542—92《地层原油物性分析方法无汞仪器分析法》进行测试分析，而凝析气藏则可按 SY/T 5543—92《凝析气藏流体取样配样和分析方法》来进行分析。下面介绍主要的 PVT 测试过程。

1）恒组分膨胀（CCE）

油气藏流体的恒组成膨胀实验是在地层温度下，油气体系从地层压力开始逐步向下降，从而测试饱和压力和流体的相对体积变化，以测试流体的膨胀能力、饱和压力以及流体物性参数等值。其测试的流程见图 4-1。

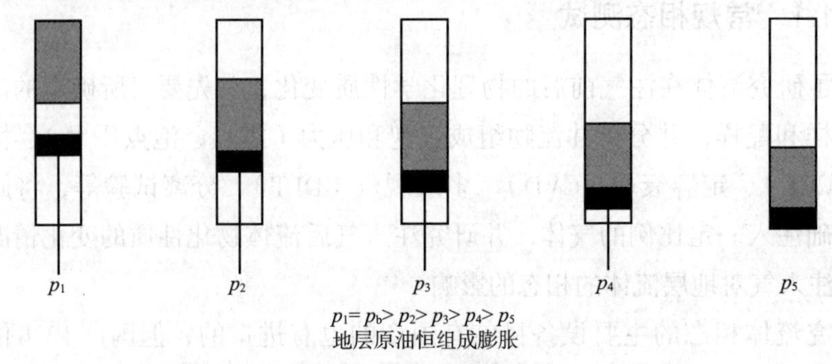

图 4-1 恒组分膨胀实验

对于原油，一般 PV 关系的压力和相对体积曲线两端为直线，可通过拐点来确定原油的泡点压力。

2）定容衰竭（CVD）

定容衰竭是在地层温度和饱和压力（露点或泡点）下，记录此时的体积，并逐渐退泵降压使体积膨胀，在此恒定压力下恢复到饱和压力下的体积，记录下每次压力下产出的气量、油量，并进行色谱分析，如此往复直到压力降到废弃压力。实验研究以确定定容衰竭采出气的气油比、油采收率、气采收率、液相饱和度变化，体积系数等参数的变化。此实验一般作为模拟凝析气藏衰竭式开发的主要方法，其结果可给出凝析气藏开发主要指标，同时对挥发油藏，也推荐做此实验。图 4–2 给出了凝析气相应的测定过程。

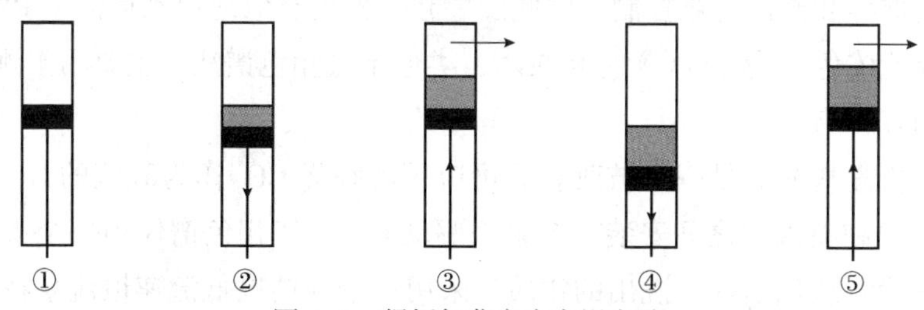

图 4–2　凝析气藏定容衰竭实验

① $P=P_d$，体积恒定；②退泵，压力下降到设定压力；③恒压进泵，排出气体，恢复到恒定体积；④在新的压力下退泵，压力下降到下一级压力；⑤恒压进泵，排出气体，恢复到恒定体积

3）多级脱气实验（差异凝析 DLT）

多级脱气是在地层温度下，从泡点压力起，退泵降低一定压力，在此压力下排除平衡的气相，记录下此时的油相体积和采出气的量；再进一步退泵降压，并恒压放掉平衡气，如此直到压力降到大气压力下为止。实验研究目的是确定在脱气过程中不同压力下原油体积系数、密度、黏度、溶解气油比等的变化，是原油的基本物性实验。图 4–3 给出了测定的过程。

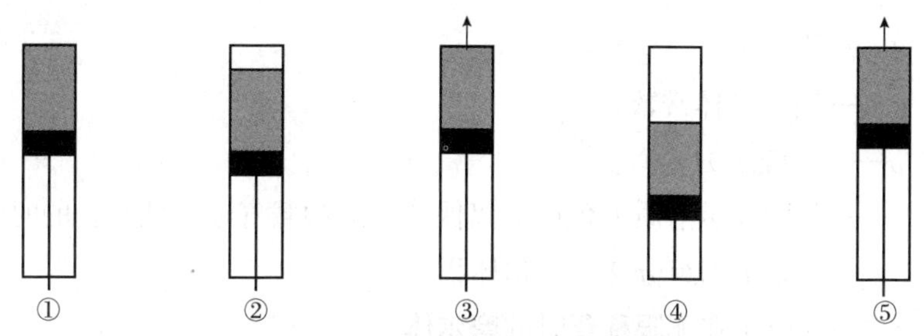

图 4–3　地层原油多级脱气实验

① $P=P_b$，体积恒定；②退泵，压力下降到设定压力；③恒压进泵，排出所有气体；④在新的压力下退泵，压力下降到下一级压力；⑤恒压进泵，排出所有平衡气体

4）分离实验

分离实验是分析和优化地层流体的分离条件，以达到多回收气中的油。其过程是取一定的地层流体样品，放到不同的分离条件下，以测定地层原油的分离器体积系数、分离器气油比、分离出的气组成和油品性质。

4.1.2 超临界流体色谱法

在注气对油相态影响的研究方面，最主要的因素之一是注入介质与流体各组分的二元交互作用系数，如果应用常规 PVT 测试来测取这些数据，不仅耗时，而且取样和操作较难控制。因此发展起一种更有效地得到近似于 PVT 信息的超临界流体色谱法（SFC）分析技术，类似于气相色谱法，主要用于测定 CO_2 对原油相态影响。

SFC 装置基本上是一个被改装后可应用超临界 CO_2 作为载流的 GC 装置，在 CO_2 气源和喷入口之间安装一个泵来驱动 CO_2。气相色谱仪用一个火焰电离检测器来检测从色谱柱中洗出的物质。采用一个高精度低流速恒流泵在稳定压力（最大许可压力可达 38.5MPa）下按规定程序输送液体，此特征和气相色谱中的温度调节非常接近。

假定在色谱柱中运动相为（m），静止相为（S），溶质为组分 1，则运动相完全由 CO_2（组分 2）组成。应用 SFC 的热力学模型可得：

$$\left(\frac{\partial \ln K_1'}{\partial P}\right)_T = \frac{-n}{RT}\lim_{n1\to 0}\left[\frac{\partial P}{\partial n1}\right]_{V,T,n2}\left[\frac{\partial V_2}{\partial P}\right]_T - \frac{\overline{V_1}^{\infty,s}}{RT} + \frac{1}{V_2}\left[\frac{\partial V_2}{\partial P}\right]_T \tag{4-1}$$

式中 K_1' ——平衡常数，K_1' = 静止相中溶质的摩尔数 / 运动相中溶质的摩尔数 $=t_r/t_0-1$；

T——温度；

R——通过气体常数；

p——系统压力；

t_r，t_0——分别表示溶质的色层分离保持时间和载气通过柱花费的时间；

V_1、V_2——组分 1 和组分 2 的摩尔体积；

$V_1^{\infty,s}$——组成 1 在无限稀释时的摩尔体积；

n_1、n_2——组分 1 和组分 2 的摩尔数。

典型的实验包括不同注入压力下对选定的烃做几次色谱分析，测得每一稳定压力下溶质的滞留时间（t_r）及载流滞留时间（t_0），应用此时间可求得上式的第一项。第二和第四项用 PR 状态方程来计算，其中包括未知的 δ_{12}。式中的第三项为未知，这两个未知量的确定需根据代入对应压力下的滞留时间，用回归法计算。

根据研究表明，$V_1^{\infty,s}$ 和 δ_{12} 有极高的统计关系，在 δ_{12} 已知并结合上式进行回归，可得 $V_1^{\infty,s}$ 和正链烷烃碳数的关系如图 4-4 所示。如果我们想

知道 CO_2 和 $C_{12}H_{26}$ 双元系统的相态，可以根据碳数应用图 4–4 查得 $V_1^{\infty,s}$= 590cm³/mol。根据高压下 C_{12} 的一系列色谱实验和 $V_1^{\infty,s}$ 值，由上式回归可得出两元反应系数为 0.094。用此参数于 PR 方程，可以较为准确地计算 p–X 图见图 4–5，计算结果和实验测试结果相当统一。

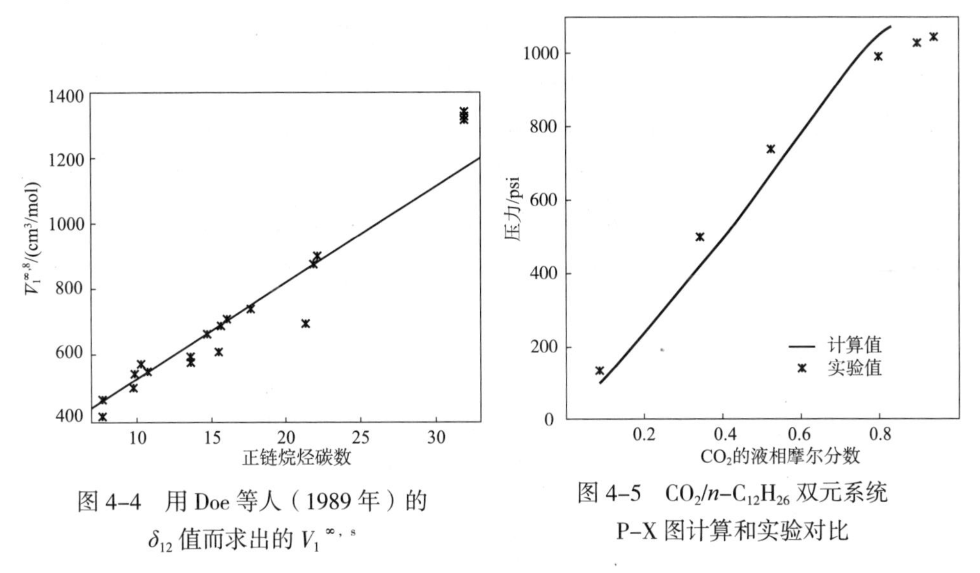

图 4–4　用 Doe 等人（1989 年）的 δ_{12} 值而求出的 $V_1^{\infty,s}$

图 4–5　CO_2/n–$C_{12}H_{26}$ 双元系统 P–X 图计算和实验对比

超临界流体色谱法（SFC）分析技术，主要用于测定 CO_2 对原油相态影响，测试速度快，但测试采用理论模拟和实验测试相结合的方法进行测试分析，不是直接的测试方法，不能适应对其他注入气体的情况，此法应用也较少（详见参考文献 1）。

4.1.3　研究区注入气—流体相态研究

1）原油高压物性实验研究

自从 20 世纪中期诞生了首个 CO_2 驱油专利至今，国内外许多学者对 CO_2 的驱油机理进行了大量的研究：SIMONR 研究了 CO_2 在原油中的溶解性及其与原油黏度和膨胀系数的关系，研究发现溶解度越高，原油黏度降低幅度越大，膨胀系数越高；REID 在 CO_2–Water 驱油实验中发现，CO_2 在原油中的溶解度随着压力的增加而增加，随着温度与储层水矿化度的增加而减小，如图 4–6 所示。NematiLay E 等人为了进一步定量分析 CO_2 在烃类化合物中的溶解度，分别研究了 CO_2 在甲苯、苯、正己烷中的溶解度，研究表明，CO_2 在正己烷中具有较高的溶解度。韩海水等人选取原油中含量普遍较高的 5 种链状正构烷烃，通过恒质膨胀实验研究分析了 CO_2 在不同原油组分中的溶解膨胀规律，研究表明：当压力较低时，CO_2 在不同链状正构烷烃中溶解度近似相同，而高压时溶解度随烷烃碳原子数增大而减小，膨胀系数随烷烃碳原子数的增大直线下降；当碳原子数相同时，环烷烃的膨胀系数大于链状烃的膨胀系数。有研究表明，二氧化碳的注入可以明显改善油气界面张力，压力越大，界面张力越小，而温度对界面张力的影响则存在一个压力的转折点。当压力小于转折点值时，界面张力与温度成反比关系，反之成正比。原油的组成也对油气界面张力存在一定作用，其随着原油中 C_1 含量的增加而增加，随着 C_2~C_{10} 含量的增加而减小，随着沥青质含量的增加而增加。上述研究表明，CO_2 与原油主要发生溶解、抽提以及减小油气界面张力的作用，其中 CO_2 在原油中的溶解度决定了 CO_2 驱油过程中原油的降黏与膨胀程度。

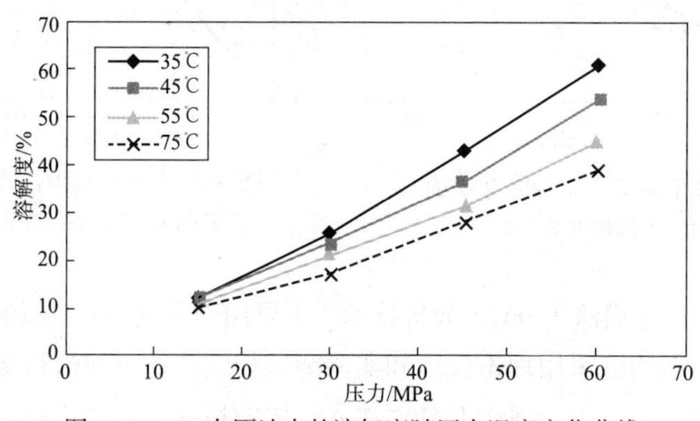

图 4-6　CO_2 在原油中的溶解度随压力温度变化曲线

为了准确地了解注 CO_2 驱油过程中油气的作用机理，首先要了解原油的物性，包括原油的密度、黏度、溶解气油比和饱和压力等。这些都与储层的温度、压力、原油组成有着密切的联系，需要通过高压物性实验来获得这些重要参数。本文主要采用数值模拟 ECLIPSE 中的组分模型对超低渗砂岩注 CO_2 驱油进行分析研究，所以最重要的任务就是对原油的高压物性实验数据进行拟合，尽可能使模拟数据与实验数据一致。

储层中的流体都是由碳氢两种元素组成的化合物，它们在储层不同的温度压力条件下呈现气态、液态或者两相共存状态等不同的形态。随着科技及认识的进步，组分分析精度不断增加，有的甚至能分析 C_{48+} 以上的组分，再加上一些非烃类组分（H_2S、N_2、CO_2 等）可达五十几种。研究发现，组分数目太多会大大影响计算速度，无法满足实际需求。所以实验拟合前要对重组分进行劈分再重新组合，化成拟组分。劈分是为了更好地拟合，组合是为了加快计算速度。劈分时要注意质量，使其含量差别不要过大，劈分过后重新组合时要注意遵循以下原则：①性质相近原则：例如分子量；②同分异构体合并原则；③ C_1 一般独立原则，N_2 含量如果很少，可与 C_1 合并；④注入组分独立原则。通常按照上述原则将劈分后组分合并成 6~8 个组分进行拟合计算。

（1）闪蒸分离实验拟合。闪蒸分离又称为一次脱气，在气液平衡条件下，一次性连续降压脱气。出现第一个气泡时的压力即为饱和压力，又叫泡点压力。饱和压力是原油保持单相的临界点，是原油重要的物性参数，也是拟合的重点。利用 ECLIPSE 中的 PVTi 模块对拟组分添加饱和压力实验来模拟实验室饱和压力及储层原油黏度，添加分离器实验模拟溶解气油比及地面原油黏度，模拟结果如表 4-1 所示。模拟相对误差较小，效果很好。

表 4-1　闪蒸分离实验数据与模拟数据对比表

模拟项目	实验数据	模拟数据	相对误差 /%
溶解气油比 /（m^3/m^3）	45.60	48.93	7.29
饱和压力 /MPa	5.40	5.40	0.00
储层原油密度 /（g/cm^3）	0.77	0.74	4.39
地面原油密度 /（g/cm^3）	0.84	0.79	6.27

（2）恒组分膨胀（CCE）实验拟合。恒组分膨胀又称为恒质膨胀，简称 P–V 关系实验，是指在储层温度下测定得到恒定质量的储层流体压力与体积的关系，主要是测定储层温度下随着压力的变化，相对体积、压缩系数、原油密度以及 Y 函数的变化情况。

利用 PVTi 模块添加实验 CCE（constant composition expansion）定义储层温度，选择想要模拟的实验数据——饱和压力、原油密度、相对体积，将实验所得数据导入相应的项目列，模拟结果如图 4-7 所示。可见拟合结果与实验结果误差较小，因此拟合结果可信度高。

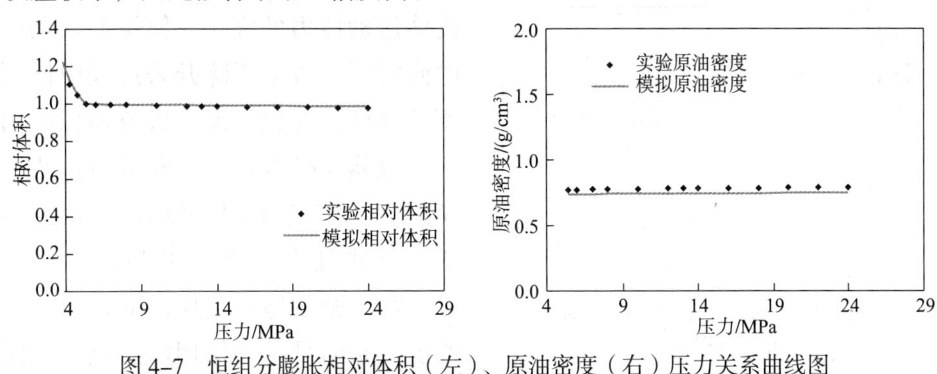

图 4-7　恒组分膨胀相对体积（左）、原油密度（右）压力关系曲线图

（3）多级脱气（差异分离 DL）实验拟合。多次脱气实验是在储层温度下多次降压排气，这一过程中体系的组成不断发生变化，所以也叫作差异分离实验。实验中测量降压排气过程中油气性质和组成随压力的变化关系。主要测量不同压力下的溶解气油比、原油密度、原油体积系数、气体体积系数、气体偏差系数等等。本次差异分离实验的拟合结果如图 4–8 所示。可见，拟合结果与实验数据误差小，结果真实可靠。

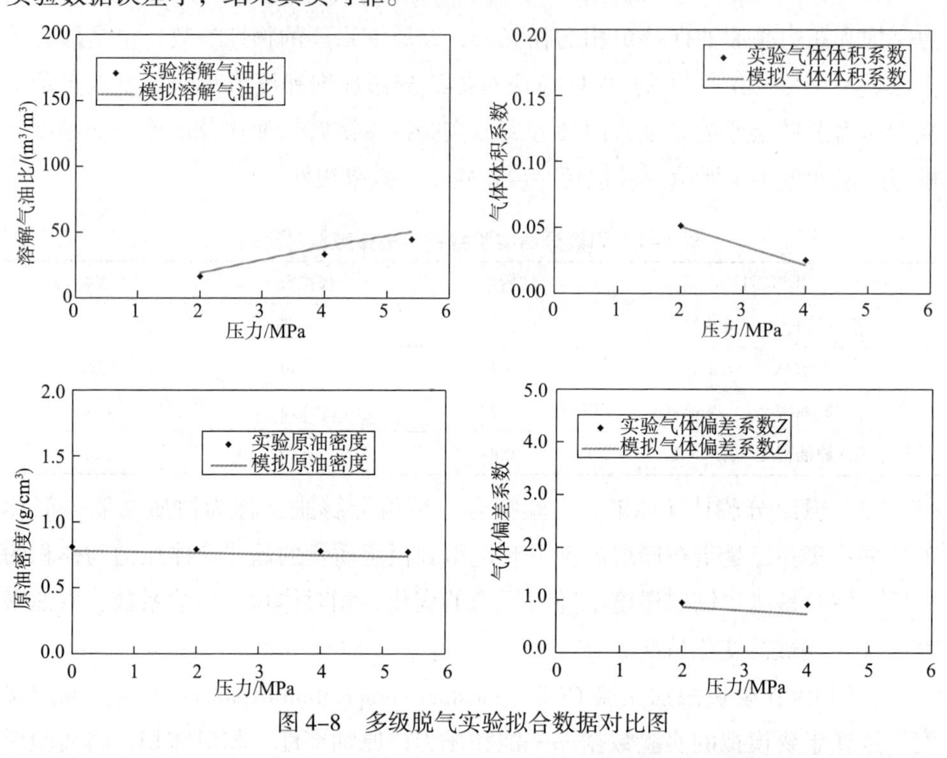

图 4–8　多级脱气实验拟合数据对比图

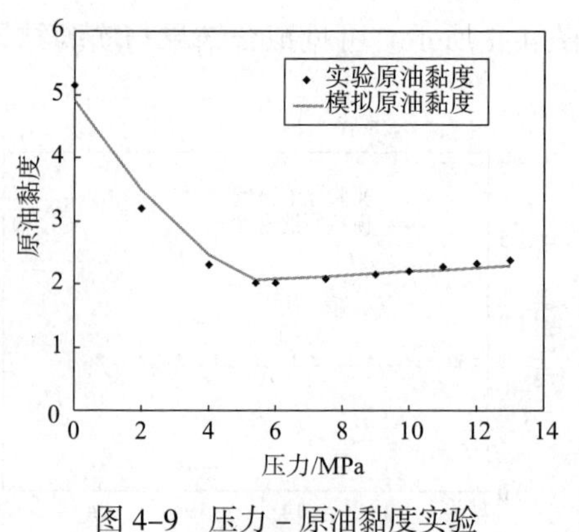

图 4–9　压力 – 原油黏度实验拟合数据对比图

（4）储层原油黏度测定。原油的黏度是其重要的参数之一，它反映了流体流动能力的大小。储层原油黏度的测定可以看出压降开采过程中储层原油黏度的变化情况。数值模拟利用定容衰竭（CVD）实验模拟该过程。模拟结果与实验值几乎吻合，如图 4–9 所示。并且当压力在饱和压力以上时，对于原油饱和气体，随着压力的增加、原油受压缩作用的影响，致使其密度增大，黏度增加，但是考虑到液体压缩性有限，所以原油黏度的增加幅度并不大；当压力小于饱和压力时，随着压力的降低，原油中溶解的气体不断被分离出去，致使原油黏度迅速增加。

综上所述，各模拟计算结果与实验所得值的相对误差都非常小，所以该模拟结果可靠性高，可以准确描述开采过程中各组分、各相之间的平衡关系，为接下来研究的气窜规律提供准确的参数变化场。

2）注气膨胀实验研究

膨胀实验，即是在地层原油配样恢复到地层条件后的泡点（或露点）压力下，对流体进行若干次注气，每次加入气体后，饱和压力会变化，油气性质也会发生变化，测定油气体系性质参数后，继续加入一定量的气体，直到在流体中达到约 80%mol 比为止。注入气后流体组成可用下式计算。注 CO_2 实验流程图如图 4-10 所示。

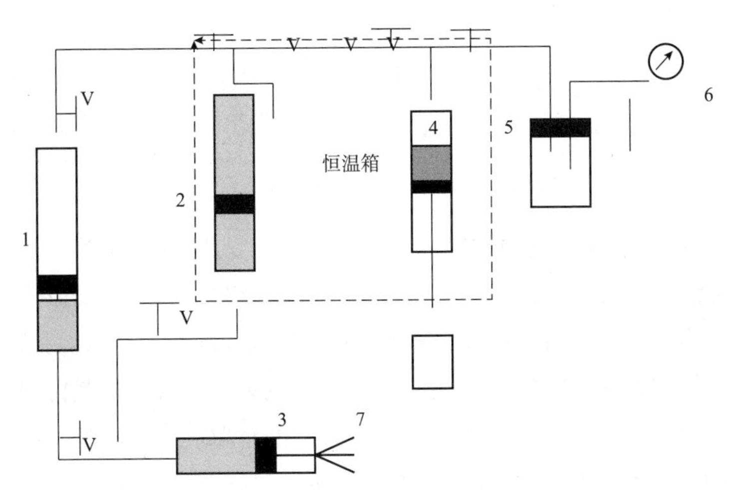

图 4-10 注气膨胀实验和流体－气体物性化学行为实验流程

1—气瓶；2—配好的地层原油；3—自动泵；4—PVT 筒；5—闪蒸分离器；6—气量计；7—PVT 筒活塞电机；V—各个阀门

$$Z_i = \frac{Z_{0i} + N_{gas} Z_{gasi}}{1 + N_{gas}} \tag{4-2}$$

式中 Z_{0i}、Z_{gasi}——注气前流体第 i 组分 mol 组成和注入气中第 i 组分的 mol 组成；

N_{gas}——注入气量与注气前流体 mol 数之比。

在气驱采油过程中，气体注入到储层后与储层流体发生物理化学反应致使流体的物理化学性质发生变化，是气驱提高采收率的主要原理。由于 CO_2 与原油互溶的性质，其溶解于原油后使原油体积膨胀，从而原油饱和压力、原油黏度、体积系数等参数均发生变化。注气膨胀实验研究 CO_2- 流体相态的加气标准有两种：一是以注入气体的摩尔百分含量为标准；二是以体系气油比为标准。一般实验中都以第一种为标准。相态的研究对于气驱的过程是相当重要的，在多相流体流动过程中，气体的注入会使流体发生物理化学变化。本文通过实验得到注气过程中 CO_2- 流体体系的相态变化的 PVT 参数场，再利用数值模拟对实验进行拟合，从而得到更详尽的体系相态变化特征。拟合结果见图 4–11。

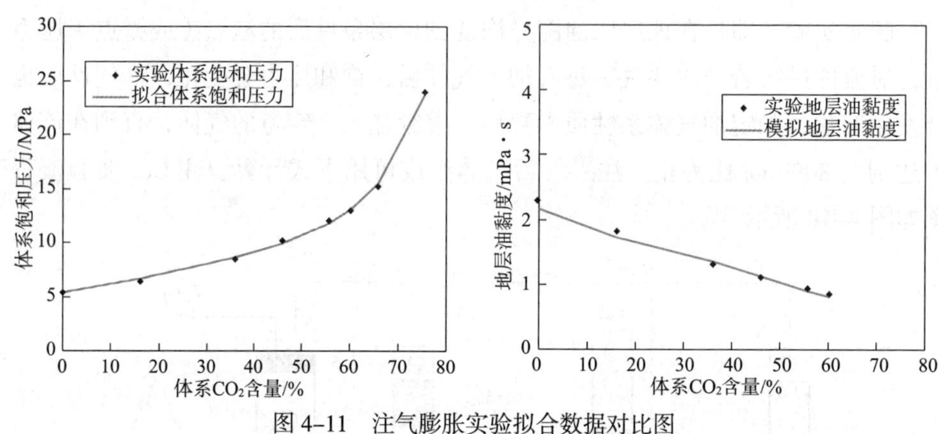

图 4–11　注气膨胀实验拟合数据对比图

可知，CO_2- 流体体系的饱和压力与 CO_2 的注入量成正相关，流体黏度与 CO_2 的注入量成负相关；当注入气量为 60.20mol% 时，储层原油黏度由原始的 2.38 mPa·s 下降到 0.85 mPa·s，降低了 64.29%。说明 CO_2 气体对实验区原油有非常好的降黏效果，实验区采用 CO_2 驱开采效果会较好。但是降黏幅度却随着注入气量的增加而减小，反映了 CO_2 对轻烃的萃取能力在减弱。特别地，从储层流体到 7 次加气结束，储层流体体系体积也在不断膨胀，见图 4–12。此外，随着 CO_2 的注入，储层流体临界点的温度不断降低，压力不断升高，两相区体积不断增加，说明油、气两相比例越来越接近。泡点线和露点线也在发生变化，说明重质组分越来越多，纯气态和纯液态相组分差异越来越大。

考虑到实验过程中每次注气都要将注入气全部溶解到原油中，以使储层流体保持单相，所以实验测得的组分含量变化及 PVT 参数都是 CO_2- 流体体系的。为了分析拟组分含量随注入 CO_2 量的变化情况，将井流物组成按照不同划分组合进行了拟组分划分，如表 4–2 所示。不同组合形式下拟组分含量随注入 CO_2 量的变化情况如图 4–13 所示。

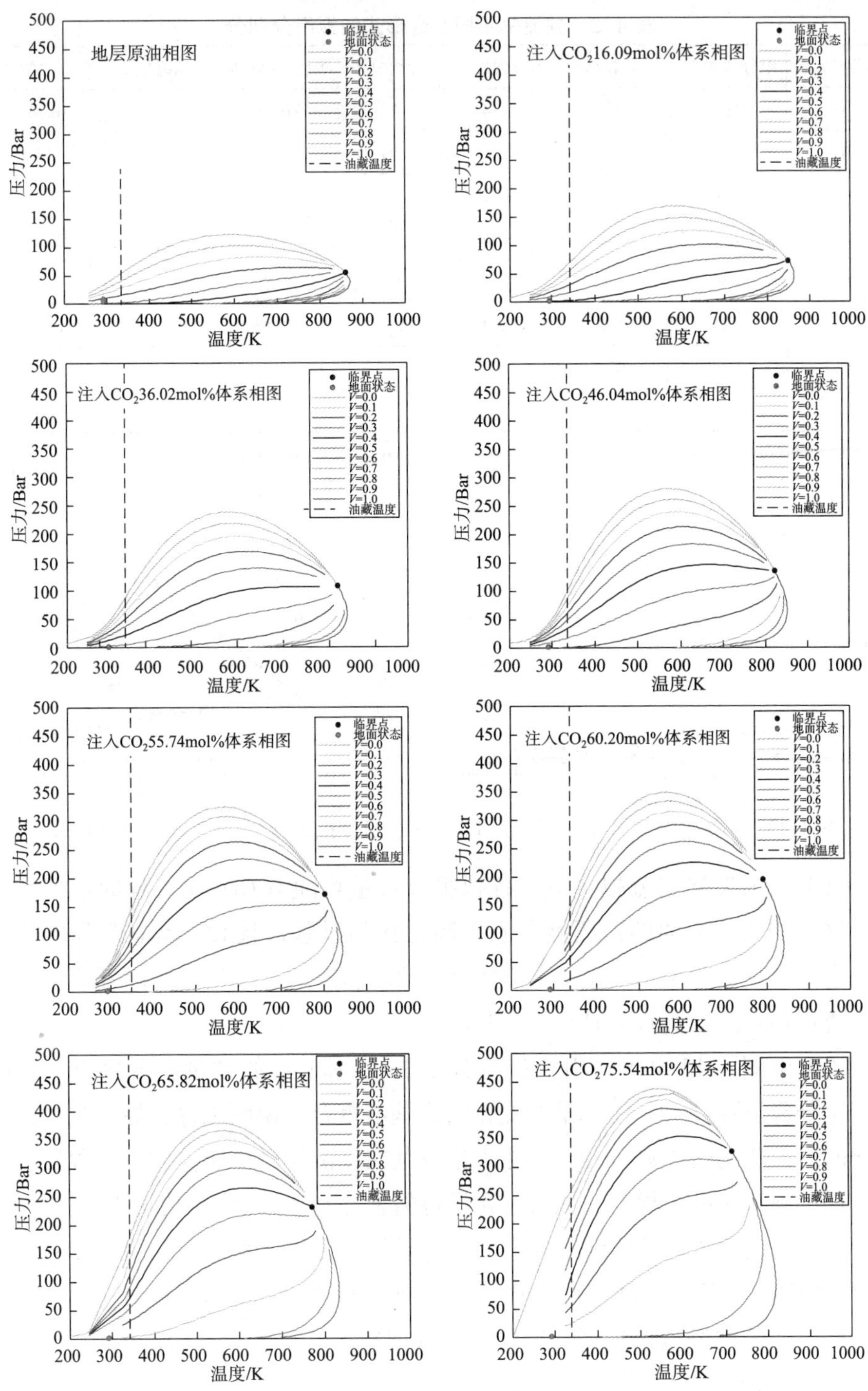

图 4–12　注气膨胀实验拟合数据对比图

V—气体摩尔分数

表 4-2 井流物不同组合形式的拟组分划分

井流物组成	组分含量 /%	井流物组成	组分含量 /%	拟组分 1	组分含量 /%	拟组分 2	组分含量 /%
CO_2	0.04	nC_5	2.14	N_2	0.36	CO_2	0.04
N_2	0.36	C_6	2.32	CO_2	0.04	C_{1+}	43.58
C_1	19.83	C_7	3.01	C_{1+}	39.89	C_{6+}	16.19
C_2	6.4	C_8	3.96	C_{5+}	9.02	C_{11+}	20.91
C_3	8.36	C_9	3.87	C_{8+}	10.86	C_{21+}	7.80
iC_4	1.41	C_{10}	3.03	C_{11+}	39.83	C_{30+}	11.12
nC_4	3.89	C_{11+}	0.04				
iC_5	1.55						

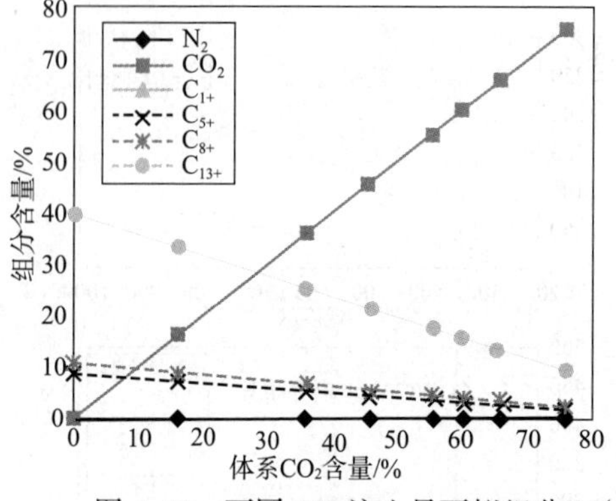

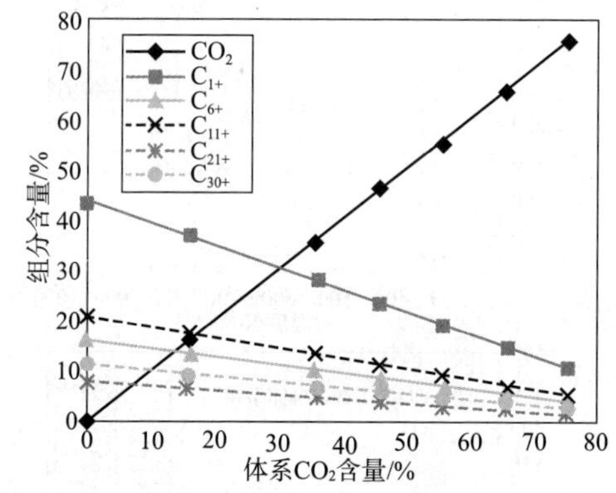

图 4-13 不同 CO_2 注入量下拟组分 1（左）含量、拟组分 2（右）含量变化曲线

（1）无论怎样划分拟组分，各拟组分含量均随着 CO_2 注入量的增加而减少，这是因为 CO_2 驱的过程就是它不断富化的过程，且 CO_2 是非常强的蒸发剂，它可以抽提萃取 C_2~C_{15} 范围的烃类，形成 CO_2- 富气相，所以各拟组分含量均随着 CO_2 注入量的增加不断减少。

（2）由图 4-13 可见，由于拟组分 1 中 C_{1+} 和 C_{13+} 的含量十分接近，所以两拟组分含量随着 CO_2 注入量的变化曲线基本重合，说明无论轻烃、重烃，拟组分的含量变化曲线只与 CO_2 的注入量及其在原油体系中所占比例（含量）有关，且比例（含量）越高，拟组分含量将随着 CO_2 注入量的增加下降越快。由此可见，实验室条件下原油与注入的 CO_2 是均匀传质接触的，说明 CO_2 的抽提烃类范围比较广泛（C_2~C_{15}），相比其他气驱的烃类抽提范围（C_2~C_6），CO_2 驱替后剩余油的重烃含量较低，所以针对密度较大、重烃含量较高的油层，CO_2 驱替具有一定的优势。

（3）各拟组分含量与 CO_2 注入量成线性关系，如式（4-3）所示。

$$Y=-\frac{M}{100}X+M \qquad (4\text{–}3)$$

式中 X——注入 CO_2 的量，%；

Y——CO_2– 地层原油体系各拟组分含量，%；

M——地层原油样品各拟组分含量，%。

值得一提的是，正是因为实验中气全部溶于原油，所以储层流体各组分的变化与 CO_2 的注入量成线性负相关性。但是实际生产中由于受储层条件件的影响，注入气体不能完全溶于原油，所以式（4–3）只适合用来计算实验室条件下注气膨胀实验中 CO_2– 地层原油体系各拟组分含量，为生产实际作为参考。不用每次注气后都要测量体系中的组分含量，省时省力。

4.2 最小混相压力 MMP 研究

最小混相压力是指注入气体在油藏条件下（温度、流体组分一定），使油气刚好混相成为单相时的压力。当驱替压力大于最小混相压力时，才能实现混相驱，反之则为非混相驱。最小混相压力研究始于 20 世纪 80 年代，目前应用的确定最小混相压力的方法主要有计算法、实验室测定法及模拟法 3 种。计算法主要有经验公式预测、图版法、状态方程计算等；实验室测定法主要有升泡仪法、界面张力消失法、细管实验法，但是目前最常用的主要就是细管实验法，操作简单，计算准确。实验室中采用细管实验测定 CO_2– 原油体系最小混相压力时，一般将注入 1.2PV 的 CO_2，采出程度达到 90% 时的压力就认为是最小混相压力。模拟法主要就是数值模拟法，主要是对实验室细管实验的模拟。

4.2.1 最小混相压力的理论计算

CO_2 最小混相压力的经验公式预测法极为繁多，在此将这些方法按时间由前到后的顺序给出：

（1）关联式：

$$MMP=15.988(TEMP)^{0.744206+0.0011038(MWC5P)+0.0015279(MPCI)} \qquad (4\text{–}4)$$

式中，$MWC5P$——戊烷和更重馏分的分子量；

$MPCI$——甲烷和氮气的摩尔，%；

$TEMP$——油藏温度，F。

（2）Glaso 关联式：

$$P_{\mathrm{mm}}=810.0-3.404M_{\mathrm{c}_{7+}}+\left[1.700\times10^{-9}M_{\mathrm{c7+}}^{3.73}\mathrm{e}^{(786.8M_{\mathrm{c7+}}^{-1.058})}\right]T \qquad (4\text{–}5)$$

$$和P_{mm}=2947.9-3.404M_{C7+}+\left\{1.700\times10^{-9}M_{c7+}^{3.37}\times e^{(786.3M_{c7+}^{-1.058})}\right\}T-121.2f_{RF}$$

式中 M_{C7+}——脱气油中 C_{7+} 的分子量；

T——温度，F。

（3）Johnson and Pollin 关联式：

$$p_{mm}-p_{ci}=\alpha_i(T_R-T_{ci})+I(\beta M-M_i)^2 \tag{4-6}$$

此时 $y_2<0.2$，$300K<T_R<410K$。

对 CO_2，$\alpha_i=18.9psi/K$；

对 CO_2/N_2，$\alpha_i=10.5\{1.8+10^3y_2/(T_r-T_{ci})\}$；

对 CO_2/CH_4，$\alpha_i=10.5\{1.8+10^2y_2/(T_r-T_{ci})\}$；

$$I=C_{11}+C_{21}M+C_{31}M^2+C_{41}M^3+(C_{12}+C_{22}M)\rho+C_{13}\rho2。$$

式中 $C_{11}=-11.73$；

$C_{21}=6.313\times10^{-2}$；

$C_{31}=-1.954\times10^{-4}$；

$C_{41}=2.502\times10^{-7}$；

$C_{12}=0.1362$；

$C_{22}=1.138\times10^{-5}$；

$C_{13}=-7.222\times10^{-5}$；

$I=2.22K-25.84+0.66K^{-2}$；

$\beta=0.285$。

式中 K——Watson K 因子；

P_{ci}——注入气临界压力，psi；

M——原油的平均分子量；

T_{ci}——注入气临界温度，K；

M_i——注入气的分子量；

ρ——API 重力；

y_2——CO_2 中杂质的摩尔分量。

（4）Petroleum Recovery Inst 关联式：

如果 CO_2 的 $T<T_c$，则 $P_{mm}=P_vCO_2$；

如果 CO_2 的 $T>T_c$，则 $P_{mm}=P_vCO_2=7.39\times10^8$；

其中 P=MPa，T=℃，b=（2.772−1519/T）。

（5）In the second Petroleum Recovery Inst 关联式：

$$p_{mm}=-4.8913+0.04150T-0.0015974T^2 \tag{4-7}$$

并且 $P_{mm}=P_{bp}$。若 $P_{mm}<P_{bp}$，则 P=MPa，T=℃。

4.2.2 最小混相压力实验

1）细管实验

（1）实验前的准备。每次实验前对细管进行清洗，清洗剂采用石油醚。当入口石油醚与出口石油醚颜色和组分相同时，可以认为清洗工作完成，然后将清洗干净的细管用氮气或压缩空气吹干后，在实验所需的温度下烘干，一般要求在 6h 以上。将烘干的细管进行孔隙度和气测渗透率测定，求出孔隙体积 PV，紧接着在所要求的地层温度和所选的驱替压力下饱和原油后待用。

（2）实验流程。将细管模型清洗干净后，用甲苯充满整个细管模型，并恒定到实验温度，通过回压阀将细管出口端的压力设置到实验所需的压力值（必须高于地层油饱和压力）。保持实验压力用地层油样品驱替细管中的甲苯。当地层原油样品驱替 2.0 倍孔隙体积后，每隔 0.1~0.2 倍孔隙体积，在细管出口端测量产出的油、气体积，并取油、气样分析其组成。当产出样品的组成、气油比均与地层油样品一致时，表示地层油饱和完成。

在实验温度和预定的驱替压力下，以 15.00cm³/h 的速度恒速注入 CO_2 气驱替细管模型中的地层油。每注入一定量的 CO_2，收集计量产出油、气体积，记录泵读数、注入压力和回压，通过高压观察窗来观察流体相态和颜色变化。当累积注入 1.2 倍孔隙体积的 CO_2 后，停止驱替。确定每个目标区 CO_2 驱油的最小混相压力，需要在地层油饱和压力以上选择 6 个实验压力分别进行 6 次驱替实验，其中混相和非混相各有 3 个实验压力。实验流程图见图 4–14。

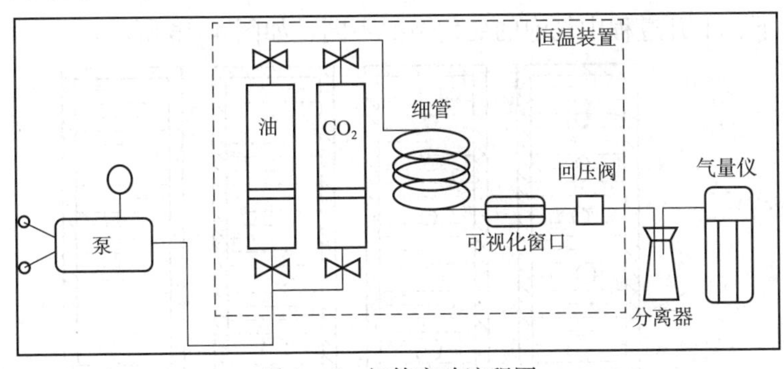

图 4–14　细管实验流程图

（3）数据处理。注入 1.2PV 的 CO_2 后的最终采收率见式（4–8）。

$$\text{采收率} = \frac{\text{采出的原油体积} \times \text{体积系数}}{\text{饱和的原油体积}} \times 100\% \tag{4-8}$$

其中，饱和的原油体积和采出的原油体积必须经过压缩系数、温度系数、含水率和密度校正后才能进行最终结果计算。

2）升泡仪

升泡仪（RBA）测 MMP 是由 Christiansen 和 Kim 于 1986 年提出的。这种方法的特点是，测定周期短，一个油气系统的 MMP 测定可在一天内完成，而且实验结果可靠。Hycal 公司 Thomas 等人的研究甚至认为，升泡仪法比细管法测定 MMP 更合理，更可靠。

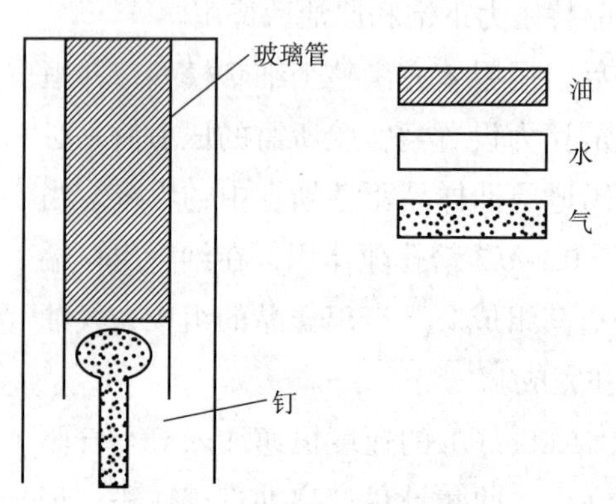

图 4-15 升泡液实验装置示意图

如图 4-15 所示，升泡仪的中心是一根垂直安放的耐高压玻璃细管，注入气泡进入玻璃管的空心针安装在玻璃细管的底部。装置还包括用于拍摄和记录实验过程中玻璃细管中气变化的 VCR 系统和衡温系统。

实验时，首先向玻璃管中注入原油，加压和升温至确定的实验条件待其稳定。由玻璃管底部的空心针向管内注入气泡。气泡因其浮力作用在管内原油中上升，上升过程中气泡和原油之间的传质过程与气体驱替的多次接触过程是一致的。在气泡上升的同时，由电机驱动的VCR录下气泡的大小、形状的变化情况。

该实验确定 MMP 是通过分析与上升动态有关的压力来获得的。在不同的压力条件下，上升过程中气泡的变化情况不同，如图 4-16 所示。

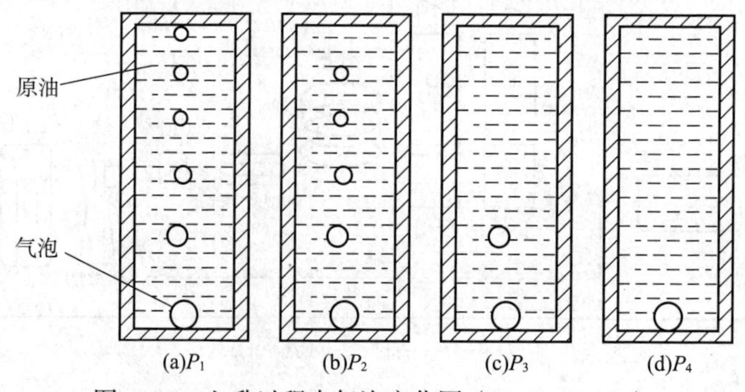

图 4-16 上升过程中气泡变化图（$P_1<P_2<P_3<P_4$）

当压力低于 MMP 时，此时压分为实验压力高于和低于待测体系的饱和压力两种情况：

（1）实验压力低于体系饱和压力。气泡通过油柱时，其形态基本保持初始时的近于球形。由于气、油间的传质，气泡可能逐渐变小，但不会完全消失。当压力接近 MMP 时，气泡顶部仍保持近似球形，而气泡的底部则可能变为平的或者波形。

（2）实验压力高于体系的饱和压力。气泡通过油柱时的变化情况与上述情况大致相同，不同的是，上升一定距离后，气泡逐渐变小，最后可能完全消失。这一情况在气体为烃类时尤其可能发生。这是由于体系高于饱和压力，气体和原油间的传质主要是气体溶于原油，对应于驱替过程，表现为溶解而不是混相。所以实验中应特别注意的是：混相与否不能根据气泡是否消失，而应根据气泡消失的方式来判断。

当压力等于或略高于 MMP 时，开始上升的气泡顶部仍为球形，但很快其底部就发展成为类似尾巴的形状。随着气泡的上升，气泡底部的油气界面逐渐消失，气泡迅速地分散到原油中，这一动态对应的是多次接触混相过程。气泡开始接触原油时并不立刻分散，在上升过程中，气油间不断传质，气泡体积几乎不变，直至界面张力逐渐减小，直至气油界面被破坏，气体迅速、完全分散到原油中。

当压力远远高于 MMP 时，气泡比压力等于 MMP 时分散更迅速。对某些原油，CO_2 在油柱中甚至一接触原油就立即分散。这一动态对应于驱替过程，可视为一次接触混相。

4.2.3 研究区最小混相压力确定

本次研究通过细管实验法测得研究区原油 $-CO_2$ 的最小混相压力为 17.8MPa，实验测试结果见表 4–3；并在实验的基础上利用 Eclipse 模拟细管实验。

表 4–3 模拟采收率结果与实验值对比

驱替压力 /MPa	13	15	17	19	21	23
实验采收率 /%	79.04	84.87	90.15	92.68	93.23	93.52
模拟采收率 /%	79.04	84.38	90.01	92.70	93.36	93.61

由表 4–3 可知，数模模拟细管实验采收率结果值与实验值相差无几，拟合结果良好、真实可用。当驱替压力小于 17MPa 时，注入 1.2PV 的 CO_2 后的采

收率小于 90%；当驱替压力等于 17MPa 时，注入 1.2PV 的 CO_2 后的采收率刚刚达到 90%；当驱替压力大于 17MPa 时，注入 1.2PV 的 CO_2 后的采收率大于 90%，且随着压力的增加，采收率的增幅很缓慢。按照最小混相压力的定义，最小混相压力应该大于 17MPa，当驱替压力为 17MPa 后，油气可以达到近混相状态。将驱替压力及实验和模拟采收率值绘入图中，如图 4–17 所示。可见，气驱采收率随着驱替压力的增加呈现出三段式：大幅增加阶段、缓慢增加阶段和平稳阶段。采收率在迅速增加阶段基本与驱替压力成直线关系，平稳阶段亦是如此，因此通过不同斜率直线相交的线性回归法即可得最小混相压力，长 4+5 油气混相压力为 17.8MPa，此时的采收率约为 93%。由图 4–17 也可见，当压力不断增加时，注气前缘逐渐与原油混相，当驱替压力大于 17.8MPa 之后，油气彻底混相，实现活塞驱替。

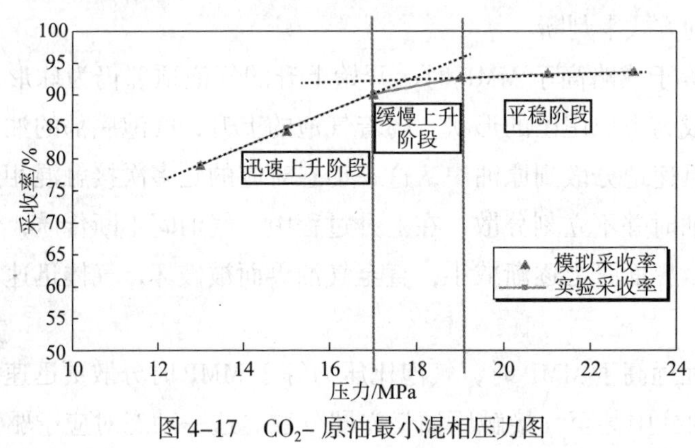

图 4–17 CO_2– 原油最小混相压力图

数值模拟确定最小混相压力就是利用数值模拟软件模拟实验室进行的细管实验，也就是将油藏最大限度简化后形成一维模型。主要目的是，给地层流体和注入气体提供一个能够连续多次接触的多孔介质环境，及避免重力分异、黏性指进、油藏非均质性等带来的不利影响，所以一般都选择尽可能长的细管。根据实验，数值模拟将细管模型还原，设计成长 20m、直径为 1cm 的一维网格模型；采用角点网格坐标设计，*X* 方向设计 250 个网格，每个网格 8cm，*Y*、*Z* 方向各设计 1 个网格，每个网格 3.86cm，总网格数为 250 × 1 × 1=250 个。该模型为均值模型，渗透率为 $4400 \times 10^{-3} \mu m^2$，孔隙度为 39%，气体从 *X* 方向第一个网格注入，液体从最后一个网格采出，细管实验的模型如图 4–18 所示。在油藏温度（59.94℃）及恒定注入速度条件下连续注入 1.2PV 的 CO_2，分别拟合不同压驱替力 13MPa、15MPa、17MPa、19MPa、21MPa、23MPa 下原油的采出程度及气油比。

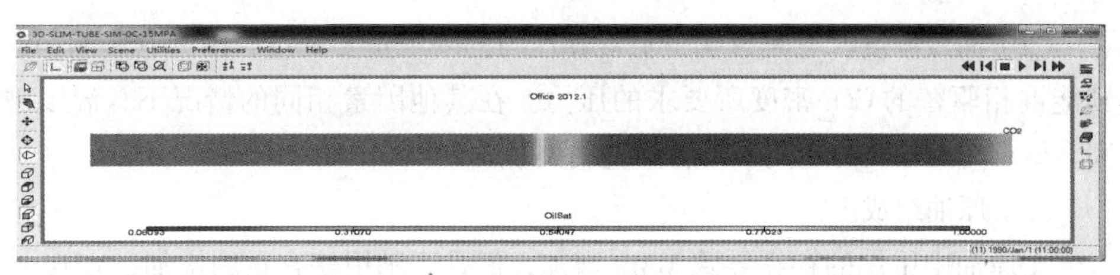

(驱替压力：15.0MPa)

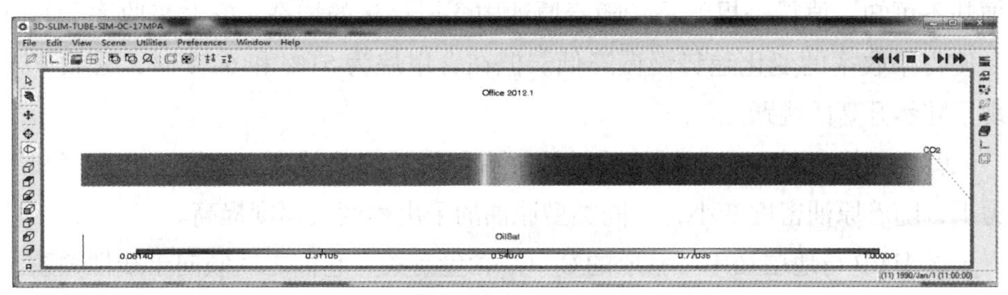

(驱替压力：17.0MPa)

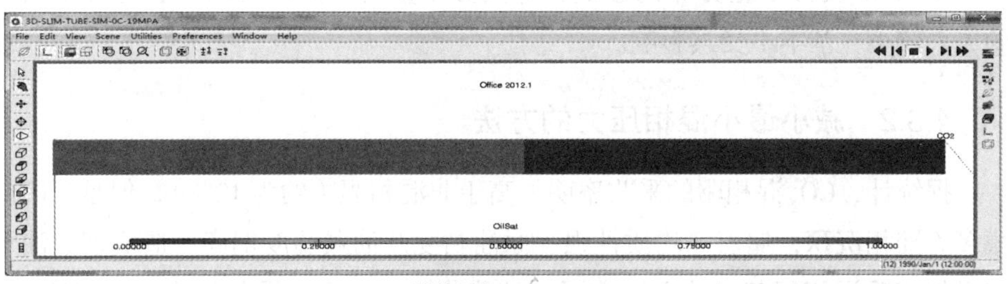

(驱替压力：19.0MPa)

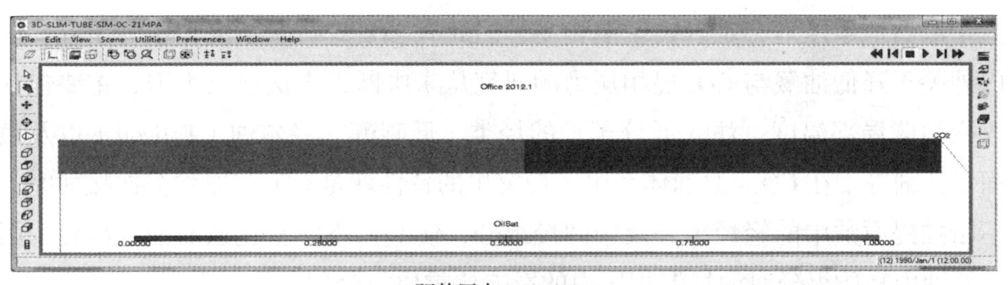

(驱替压力：21.0MPa)

图 4–18 细管实验数值模拟 3D 图

4.3 减小最小混相压力方法研究

4.3.1 影响 CO_2 最小混相压力的因素

（1）CO_2 的密度。只有当 CO_2 的密度大到足以使稠密气态 CO_2 或液态 CO_2 溶解油藏原油中的 C_5~C_{30} 时，才会产生动态混相。

（2）油藏温度。它是影响最低混相压力的一个重要变量，因为它影响为达到能混相驱替的 CO_2 密度所要求的压力。在其他因素相同的情况下，温度越高，要求的混相压力越高，两者呈直线关系。

（3）原油组成。

①原油中甲烷的存在导致 MMP 增加，但是否随甲烷含量的增加，MMP 增加却不可知。值得一提的是，随着原油中含甲烷量的增高，它对采收率的影响是使得采收率的变化趋势慢慢降低。但在含甲烷为 51% 和 62% 时，采收率出现了陡然升高的跳跃点。

②在相同条件下，不同性质的原油有不同的驱油效率。相同实验温度和压力下，随着原油密度变小，不同类型原油的采出程度大幅度提高。

③ MMP 与地层油中可萃取的 C_5~C_{30} 含量有关，它们之间倾向于线性关系。

④ MMP 受分子量分布的影响，并随分子量的升高而升高。它与分子结构的关系较小，基本不受其影响。

4.3.2 减小最小混相压力的方法

据统计，CO_2 混相驱的采收率明显高于非混相驱（约为 12%），但是我国油藏多为陆相沉积，储层非均质性强，原油黏度及油藏温度偏高，造成多数油藏都不能实现混相驱替，从而影响了原油采收率。研究区混相压力为 17.8MPa，高于原始地层压力，难以实现混相驱，因此有必要进行减小混相压力研究。国内外关于降低油藏与 CO_2 混相压力的研究从未中断，方法层出不穷，主要包括改变油藏局部温度，注入低分子量的烃类、低碳醇、妥尔油（Tall oil）以及表面活性剂等。在 CO_2– 原油体系中，最突出的特性就是 CO_2 与原油多次接触时，不断抽提原油中的轻烃组分及中间烃组分，使 CO_2 不断富化从而油气混相。因此原油中轻质组分对油气混相压力的影响比重质组分大。

总的来说，要实现混相驱替主要有两条途径。第一是采用注水或者注气的方式提高地层压力，使其高于油气最小混相压力，从而实现混相驱替。但是研究区为超低渗储层，非均质性强，注水升压困难，注气费用大且升压效果不如注水，所以采用注水或者注气的方式提高地层压力这种途径不适合研究区。第二是减小油气混相压力，使其低于地层压力从而实现混相。研究表明，油藏温度越低，油气界面张力越小，油气混相压力越低；原油中间烃组分含量越多，油气混相压力越低；注入 CO_2 纯度越高，油气混相压力越低；注入 CO_2 中添加驱替剂临界点比 CO_2 越低，油气混相压力越低。

1）地层中注入冷却剂及表面活性剂对油气混相压力的影响

Yellig 等人研究油气混相压力与油藏温度的关系发现，中低温油藏温度每下降 17℃，油气混相压力降低 1MPa。且有研究证明，在其他条件相同时，油藏温度与油气最小混相压力呈线性关系，最小混相压力随着油藏温度的升高而升高，见图 4–19。因此可以往油藏中注入冷却剂，降低油藏局部温度来降低最小混相压力实现混相驱。妥尔油是造纸技术的副产品，溶于原油和超临界 CO_2，不溶于水，直接注入地层后再注入 CO_2 或与超临界 CO_2 混合后注入地层均能降低最小混相压力。妥尔油直接注入地层后溶解于原油，形成一个混相带，后再注入 CO_2，混相带界面张力减小，从而降低混相压力。另外，妥尔油与超临界 CO_2 混合增加了 CO_2 的黏度，在一定程度上延缓了气窜的发生。陈馥等研究出了一种油水两溶的表面活性剂——柠檬酸异戊酯，该表面活性剂与原油和超临界 CO_2 共同形成了一个类似于反相胶束的结构，使沥青质等大分子被包裹在胶核内部，增加了超临界 CO_2 与原油的互溶性，减小了混相压力。董朝霞也证明表面活性剂与超临界 CO_2 形成的微乳液与原油的最小混相压力比单一超临界 CO_2 与原油的最小混相压力小。以大庆油田为例研究表明，在 45℃油藏温度下，超临界 CO_2 微乳液与原油的最小混相压力比单一超临界 CO_2 与原油的最小混相压力小 10 个百分点。

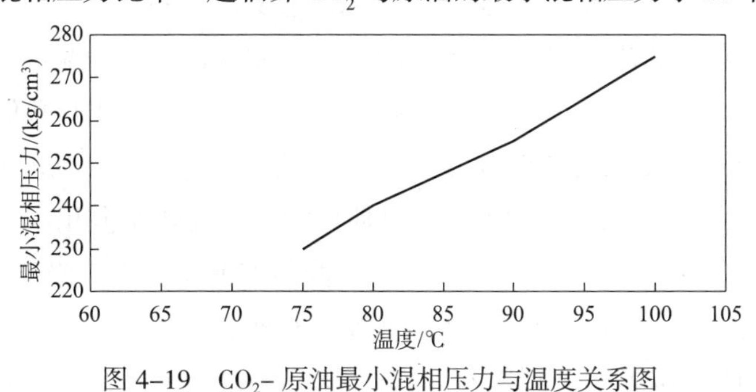

图 4–19 CO_2– 原油最小混相压力与温度关系图

对于强非均质性的超低渗油藏而言，注冷却剂或者其他表面活性剂都可能有压力高、注不进等困难，且冷却剂水的大量注入也会影响原油与 CO_2 的接触互溶，再考虑到制备添加剂的费用问题，研究区应该从驱替剂（CO_2）组分的变化来找寻减小最小混相压力的办法。

2）CO_2 中添加其他物质对油气混相压力的影响

经证实，如果注入驱替原油的 CO_2 中成分不纯，则对最小混相压力有一定的影响。当注入 CO_2 中含有 N_2 或者 CH_4 时，两者都会存在一个最大值，当注入气体中杂质含量超过该值时，则会使最小混相压力增加。以某油田为例，杂质含量极值如图 4–20 所示，当注入的 CO_2 气体中 N_2 含量小于 2% 时，对油气体系的最小混相压力影响不大，但大于该值后就会导致油气体系的最小混相压力偏高。当注入的 CO_2 气体中 CH_4 含量小于 5.6% 时，对油气体系的最小混相压力影响不大，但大于该值后就会导致油气体系的最小混相压力偏高。总体来说，N_2 的影响比 CH_4 的大得多。

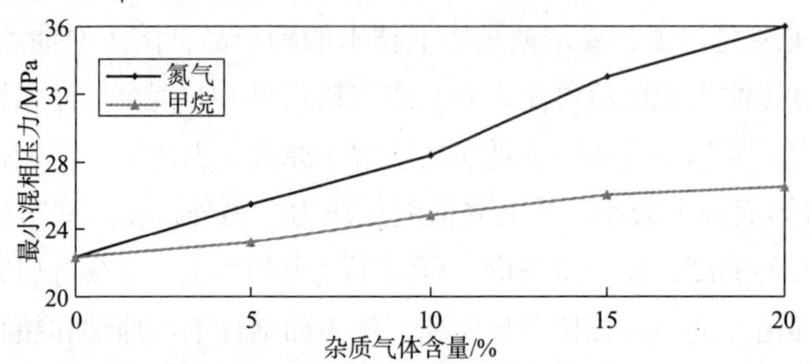

图 4–20 CO_2 气体中杂质气体含量对油气最小混相压力的影响

有导致油气体系混相压力增加的有害物质，相应地也有使之减小的有利物质，这种物质添加到注入 CO_2 后，会使油气体系混相压力降低。澳大利亚中部某油藏研究 CO_2 合成气（$80\%CO_2+15\%CH_4$）驱油最小混相压力实验时，发现由于合成气中含有 3% 的 C_{5+}，致使实验室测定的最小混相压力比理论计算值小了近 4MPa，进一步证明了中间烃的增加能使油气最小混相压力减小。根据这个思路，对研究区减小混相压力的方法进行了研究。利用细管实验数值模拟注入气中含有 0、0.5、1.0、2.0、3.0、4.0% 的 C_{5+}，油气体系的最小混相压力的变化，如图 4–21 所示。可见，C_{5+} 的加入也可使研究区油气体系混相压力减小，当注入气中含有 4% 的 C_{5+} 时，体系混相压力降低到 13MPa 左右，降低了 4MPa 多，近似原始地层压力，因此研究区要想实现混相驱，至少要往 CO_2 中加入 4% 的 C_{5+}。此外，孙忠新等人也利用不同富化程度的 CO_2 进行了驱油实验，发现添加 50% 的 C_2~C_6 的油气最小混相压力小于添加 25% 的 C_2~C_6 及纯 CO_2 驱替的油

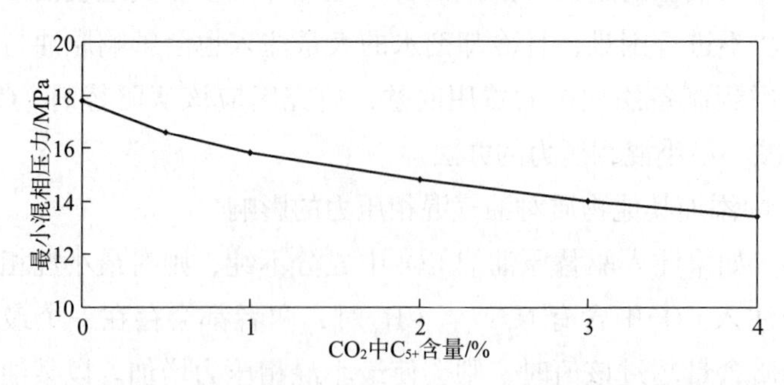

图 4–21 CO_2 气体中 C_{5+} 含量对油气最小混相压力的影响

气最小混相压力。这也说明，原油中间烃组分含量越高，CO_2 可抽提的烃类越多，富化越快、油气越容易混相。

除了 C_{5+} 以外，还有一些物质可以使 CO_2 油气体系的混相压力减小，如 H_2S、SO_2、C_2H_4 等。一般地，注入 CO_2 中添加的物质的临界温度高于 CO_2 的临界温度，则能够使体系最小混相压力减小，如轻烃及中间烃组分；注入 CO_2 中添加的物质的临界温度低于 CO_2 的临界温度，则能够使体系最小混相压力增大，如空气、天然气等。这主要是由于在油藏温度压力一定时，CO_2 密度越大，其萃取能力越强；当 CO_2 气体中含有其他物质使体系临界温度降低时，气体注入到油藏后密度就会越小，气体对轻烃的萃取能力就越弱，因此导致最小混相压力增加。

在 CO_2 驱油过程中，50%~67% 的 CO_2 气体都会随着开采的进行而被再次采出，采出的 CO_2 气体中会增加氮气、甲烷及中间烃等组分，为了提高注入气的利用率，通常会将采出气重新注入地层，增加原油采收率。了解了杂质气体对 CO_2 驱油的影响，可以将采出气中的氮气及甲烷去除，保留中间烃组分注入地层减小混相压力提高采收率。

参考文献

[1] Simonr. Generalized correlations for predicting solubility dwelling and viscosity behavior of CO_2 –crude oil system s [J]. JPT, 1965：102–107.

[2] REID T. Lick creek meak in sand unit immiscible CO_2–Water flood project [J].SPE9795, 1981：5–8.

[3] NematiLay E, Taghikhani V, Ghotbi C. Measurement and correlation of CO_2 solubility in the systems of CO_2/Toluene, CO_2/benzene, and CO_2/n–hexane at near–critical and supercritical conditions [J]. Journal of Chemical & Engineering Data, 2006, 51（6）: 2197–2200.

[4] Wang X, Liu L, Lun Z, et al. Effect of Contact Time and Gas Component on Interfacial Tension of CO_2–Crude Oil System by Pendant Drop Method[J]. Journal of Spectroscopy, 2014：1–7.

[5] 高振环 . 油田注气开采技术 [M]. 石油工业出版社，1994.

[6] SY/T 5542–92 地层原油物性分析方法无汞仪器分析法，石油工业出版社，1993.

[7] SY/T 5543–92 凝析气藏流体取样配样和分析方法，石油工业出版社，1993.

[8] F.I. 小斯托卡著 . 混相驱开发油田 [M]. 石油工业出版社，1989.

[9] 李士伦，张正卿，冉新权 . 注气提高石油采收率技术 [M]. 成都：四川科学技术出版社，2001.

［10］毛振强，陈凤莲．CO_2 混相驱最小混相压力确定方法研究［J］．成都理工大学学报（自然科学版），2005，32（1）：61-64.

［11］刘华勇．PVT 实验拟合及最小混相压力确定［J］．技术研究，2016，2：112-114.

［12］王苏里．陕北地区 Y 油田 A 井区致密砂岩油藏 CO_2 驱油目的层优选与数值模拟［D］．西北大学，2016.

［13］郭平，李苗．低渗透砂岩油藏注 CO_2 混相条件研究［J］．石油与天然气地质，2007，28（5）：687-692.

［14］韩海水，袁士义，李实，等．二氧化碳在链状烷烃中的溶解性能及膨胀效应［J］．石油勘探与开发，2015，42（1）：88-93.

［15］韩海水，李实，陈兴隆，等．CO_2 对原油烃组分膨胀效应的主控因素［J］．石油学报，2016，37（3）：392-397.

［16］梁萌，袁海云，杨英，等．CO_2 在驱油过程中的作用机理综述［J］．石油化工应用，2016，35（6）：1-4.

［17］郑希谭，孙文悦，李实，等．GB/T 26981-2011 油气藏流体物性分析方法［S］．北京：中国标准出版社，2012.

［18］汪益宁，吴晓东，张少波．低渗透油层 CO_2 非混相驱油试验及效果评价［J］．石油天然气学报，2013，35（4）：136-140.

［19］汤勇，孙雷，周涌沂，等．注富烃气凝析 / 蒸发混相驱机理评价［J］．石油勘探与开发，2005，32（2）：133-136.

［20］吴春芳，沈之芹，李应成．降低 CO_2 驱最小混相压力的方法［J］．化学世界，2016：451-456.

［21］张娟，李翼，崔波，等．一种超临界 CO_2 微乳液及提高原油采收率的方法：中国，14194762［P］．2014-12-10.

［22］尚宝兵，廖新维，赵晓亮，等．杂质气体对二氧化碳驱最小混相压力和原油物性的影响［J］．油气地质与采收率，2014，21（6）：92-98.

［23］张恩磊，顾岱鸿，何顺利，等．杂质气体对二氧化碳驱影响模拟研究［J］．油气地质与采收率，2012，19（5）：75-77.

5　注 CO_2 提高采收率研究

刘淑霞 2011 年针对大庆外围低渗透油田进行 CO_2 驱室内实验研究，得到注入气后，地下流体体积膨胀了 20.53%，黏度降低了 36.73%；陈祖华 2015 年针对苏北盆地低渗透油藏进行 CO_2 驱油开发方式与应用，证明 CO_2 的注入使地层气液界面张力不断下降。综上所述，说明 CO_2 驱油机理也适用于低渗透、超低渗油藏，但该类储藏开发过程中多需压裂造缝，人工裂缝发育，所以注气会发生气窜。

5.1　CO_2 驱油气窜影响因素及其机理性分析

5.1.1　超低渗储层 CO_2 驱油优势分析

1）陕北 W 油区长 4+5 储层开发现状

陕北 W 油区长 4+5 储层采用菱形反九点井网进行注水开发，井距 220~250m，排距 116~150m 不等。从 2003 年开始进行钻探研究，2004 年试采成功后于 2006 年进行全面开发。由于该区储层为超低渗储层，地层能量不足，所以开采两年后展开注水井试注开采，注水见效后普遍采用注水开发方式。W 油区长 4+5 储层含油面积 15.39km^2，地质储量 801×10^4t，其中水驱控制面积 13km^2，水驱控制储量 640×10^4t。截至 2013 年 3 月，该区累计产液 98.67×10^4m^3，累计产油 74.27×10^4m^3，累计注水 79.92×10^4m^3，累计注采比 0.81，采出程度 9.3%。

根据动态资料统计，W 油区长 4+5 层油井投产初期产量上升快，含水较低。油井投产初期，平均单井日产液 8.0m^3/d，日产油 3.4t/d，含水率小于 50%。其中，油井初期产量大于 10t 的井有 16 口，约占总井数的 6.0%；产量在 5~10t/d 的井有 58 口，约占油井总数的 21% ；产量在 3~5t/d 的井 56 口，约占总井数的 20% ；产量在 1~3t/d 的井 63 口，约占总井数的 23% ；小于 1t/d 的井占 30%。但随着生产时间的延长，产量递减很快，截至 2013 年 7 月，平均单井日产液 2.29m³/d，日产油 1.73t/d。

本次研究的目的区位于 W 油区，如图 5–1 所示。主力开采层位为长 $4+5_2$ 储层，自 2006 年依靠天然能量开采阶段，储层压力下降非常快：从原始的 13.3MPa 下降到 6.1MPa ；从 2008 年 6 月投入注水开发后地层压力得到了保持，并在后续生产中得到一些恢复。表明注水补充了地层能量，如图 5–2 所示。油沟 17 号注水站有注水井 36 口，对应生产油井 120 口。目前含水低于 10% 的有 49 口井，高于 30% 的有 48 口，其中进入高含水期，甚至严重水淹的有 33 口，如图 5–3 所示。该区含水上升区呈点状扩散分布、如图 5–4 所示，这可能是由于边底水的影响，也可能是注入水沿着储层高渗带突进导致的，原因不一，但是可以为后面注 CO_2 驱油气体的突进方向做参考。总之，研究区整体注入水单向突进严重，注水矛盾突出。

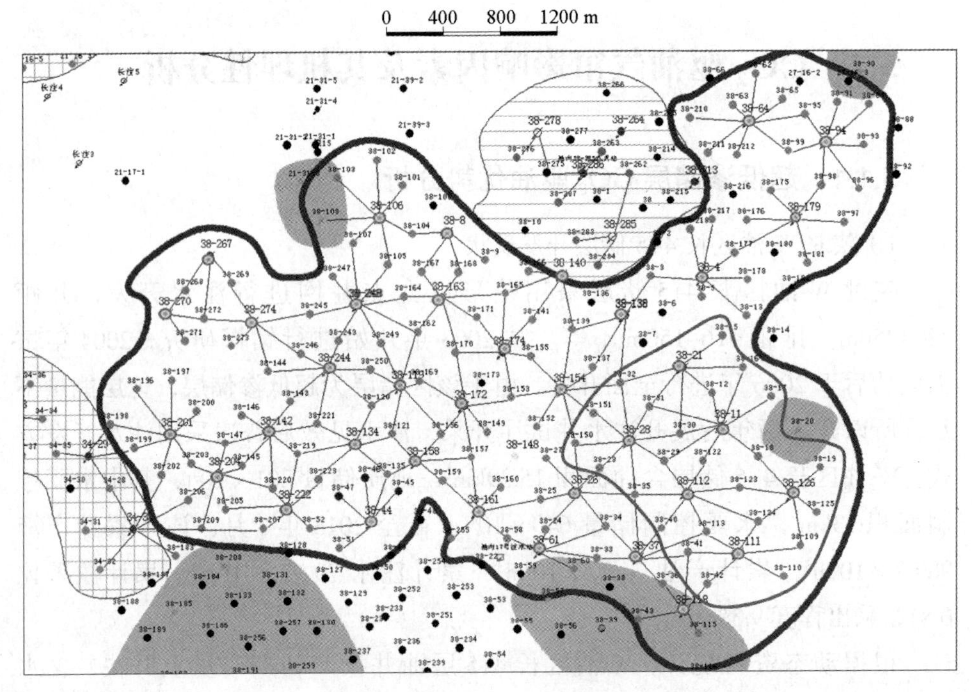

图 5–1 研究区开采现状图

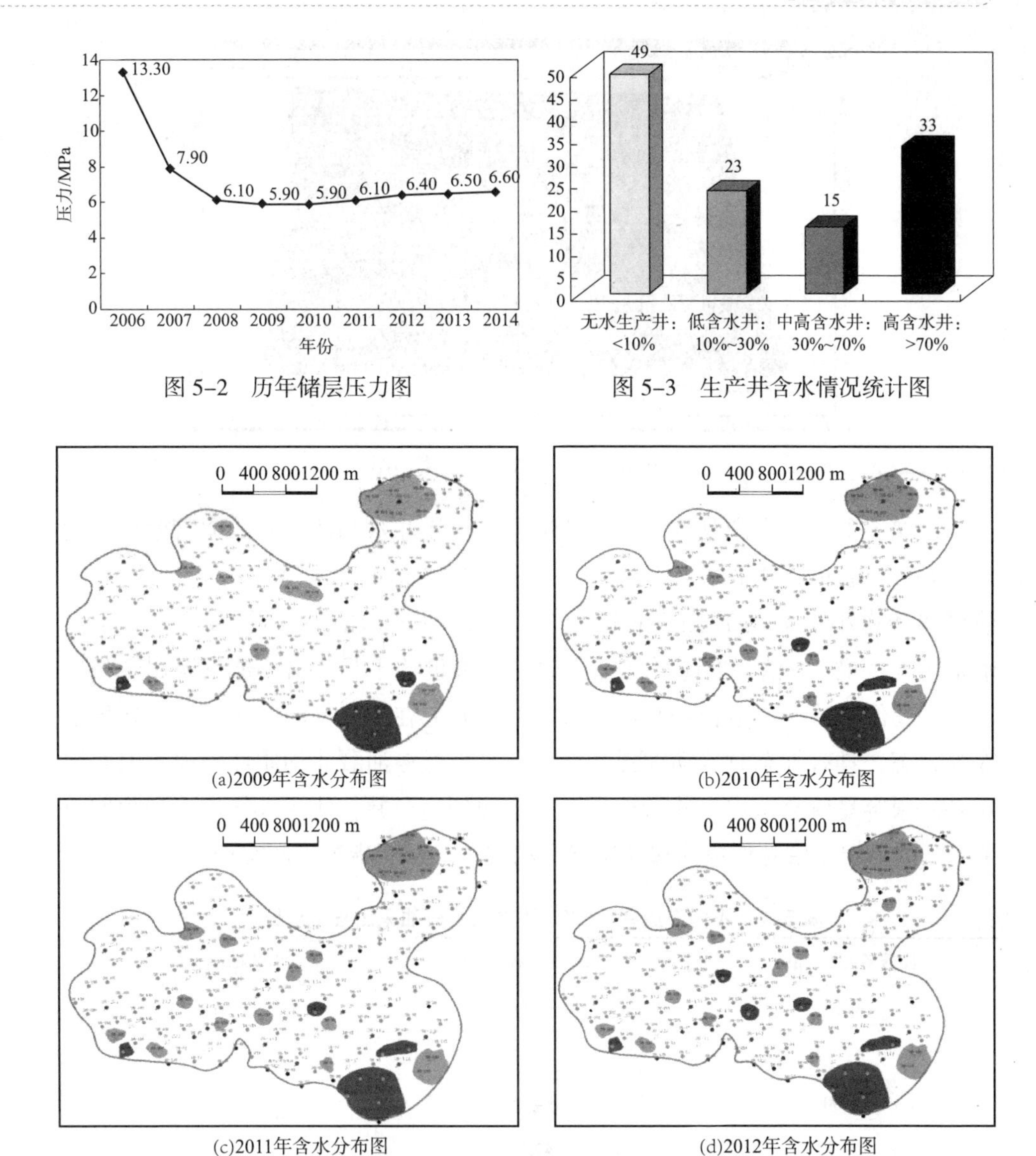

图 5-2 历年储层压力图

图 5-3 生产井含水情况统计图

(a)2009年含水分布图

(b)2010年含水分布图

(c)2011年含水分布图

(d)2012年含水分布图

图 5-4 历年储层含水上升井分布图

2）低渗储层 CO_2 驱优势分析

研究对比 CO_2 驱与水驱在不同渗透率下的驱替效果时，利用数值模拟软件设计均质模型（每个网格的孔隙度、含油饱和度、原油地质储量均相同），共 132×132×10=174240 个网格。采用公制单位，依据研究区实际注采井网形式、井距大小，设计反九点井网一注八采的开采模式，边上注采井距为 220m，角点上注采井距为310m，注采井射孔层位均为7~9层，均质模型如图5-5所示。

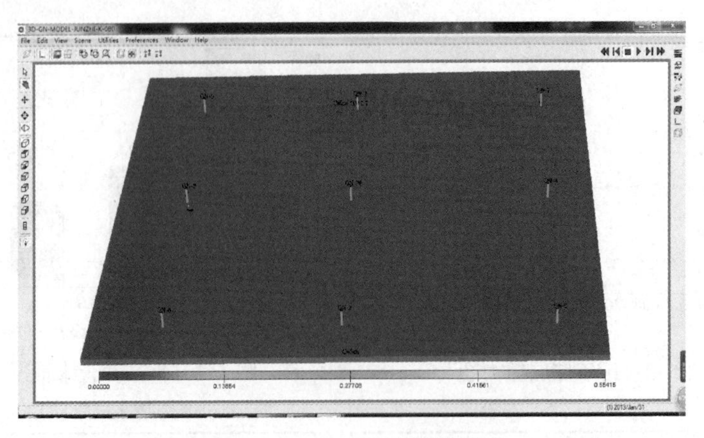

图 5-5 一注八采均质模型图

在储层参数及生产制度都相同的情况下对比注水和注 CO_2 的驱替效果，发现注 CO_2 驱替的采出程度均为注水采出程度的 2 倍左右，见表 5-1。尤其是在油层渗透率小于 $1\times10^{-3}\mu m^2$ 的超低渗油藏条件下，CO_2 驱替的采出程度是注水采出程度的 2.6 倍，非超低渗油藏时采出程度比不足 2 倍。这就说明，相比水驱，超低渗油藏更适合 CO_2 驱开采。但是 CO_2 在地层高温高压条件下处于超临界状态，具有气态时流动性强的性质，且超低渗油藏非均质性较强，因此注入 CO_2 很容易就会从注入井沿着高渗带窜逸到生产井，使注入气达不到预期效果，因此需要了解超低渗油藏储层气窜的规律，从而指导生产实践。

表 5-1 不同渗透率下 CO_2 驱油与水驱油采出程度对比表

渗透率 $K/10^{-3}\mu m^2$	水驱采出程度 /%	气驱采出程度 /%
0.27	7.90	20.66
1.00	20.62	41.77
10.00	34.75	65.62
100.00	42.96	77.15

5.1.2 储层非均质性对 CO_2 驱油气窜的影响

1）渗透率大小对 CO_2 驱油气窜的影响

在上述均质模型的基础上以及其他油藏参数及生产制度相同的条件下，只改变油藏渗透率，对比分析超低渗、特低渗、低渗透油藏中不同渗透率情况下注气开采情况，并与非低渗油藏气驱比较，设计参数如表 5-2 所示，其中方案 9 为非低渗油藏。

表 5-2 均质模型油藏参数表

方案号	渗透率 /$10^{-3}\mu m^2$	孔隙度 /%	含油饱和度
1	0.27	12.00	0.55
2	0.54	12.00	0.55
3	0.80	12.00	0.55
4	1.00	12.00	0.55
5	5.00	12.00	0.55
6	10.0	12.00	0.55
7	20.0	12.00	0.55
8	50.0	12.00	0.55
9	100.0	12.00	0.55

对比发现，非低渗油藏（$K>50\times10^{-3}\mu m^2$）注 CO_2 开采过程中生产气油比出现明显的三段式：气油比平稳阶段、气油比缓慢上升阶段和气油比迅速增加阶段。通常认为，气油比迅速增加时则判断为注入气气窜。从图 5-6 可知，非低渗油藏注气开采见气时间早，见气后很快气窜，采出程度不再增加；在低渗透油藏中，渗透率越低，见气越晚，见气后气油比上升越缓慢，见气到气窜的时间越长，气窜越晚。模拟比较不同渗透率下的生产情况，由于渗透率越大，地层流体的流动阻力及注气阻力越小，同期相比采出程度越高；低渗透油藏原油流动阻力大，吸气能力差，所以同期相比波及程度小，原油采出程度低。

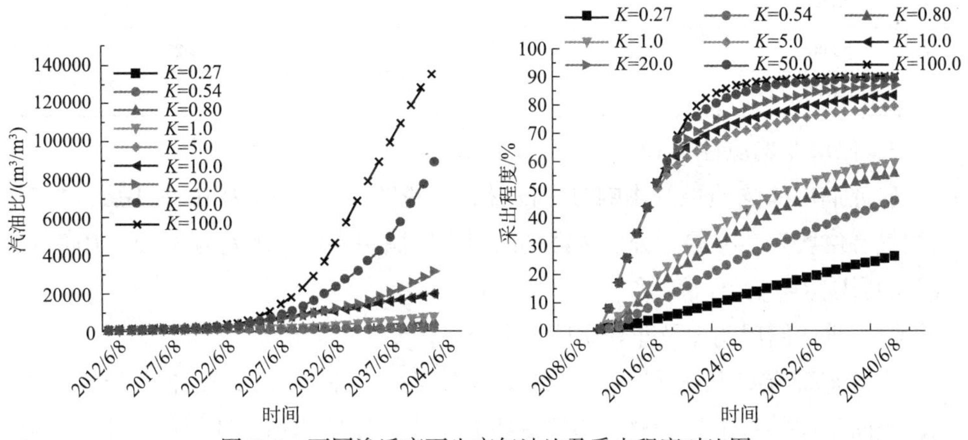

图 5-6 不同渗透率下生产气油比及采出程度对比图

值得一提的是超低渗油藏（$K\leqslant1\times10^{-3}\mu m^2$），注 CO_2 开采见气时间长短对储层渗透率比较敏感，当储层渗透率大于 $1\times10^{-3}\mu m^2$ 后，储层见气时间随着渗透率的增加变化不大，不再敏感。这主要是因为：储层流体的流动受黏性指进作用和 CO_2 在原油中溶解作用的双重影响（李东霞，2010；杨大庆，2014），低渗透率情况下注气阻力大，地层吸气能力小，地层能量及压力升高少，生产压差增加幅度小，所以储层流体受黏性指进作用的影响小、气窜晚，受溶解气的作用大；随着渗透率的增加，地层吸气量增加，原油溶解气量也增加，使得储层流体流动性增加、气体活跃，见气时间变短。反之，储层渗透率大，注气阻力小，地层吸气能力大，压力升高快，生产压差增加幅度较大，高生产压差作用削弱了溶解气作用，储层流体主要受黏性指进作用的影响，较低渗储层气窜早；在一定渗透率范围内［本文中为（5~100）$\times 10^{-3}\mu m^2$］，随着渗透率的增加，黏性指进程度变化不大，见表 5-3，因此见气时间变化不大。此处用指进距离与气驱前缘推进距离的比值来描述黏性指进程度。借用文献（李东霞，2010）中的指进程度与注采压差的关系式：

$$R=-0.1547\Delta p^2+1.2949\Delta p-1.3359 \tag{5-1}$$

式中 R——黏性指进程度，无因此；

Δp——注采压差，MPa。

表 5-3 不同渗透率下 CO_2 驱油最大黏性指进程度

渗透率 /$10^{-3}\mu m^2$	最大生产压差 /MPa	最大黏性指进程度
5.00	13.57	1.23
10.00	8.88	1.37
20.00	5.62	1.37
50.00	3.17	1.21
100.00	3.90	1.36

2）储层非均质性对 CO_2 驱油气窜的影响

研究储层非均质性的影响时，设置储层厚度为 8m，分为 10 个小层，生产与注气层位均为 7~9 层。分别考虑垂向与水平储层渗透率级差为 3、5、10 时对气驱的影响。

（1）垂向储层韵律及非均质性（渗透率级差）的影响。

反韵律储层，从上到下，渗透率不断变小。注入 CO_2，受重力分异的作用，倾向于向储层上部运移。渗透率级差越小，储层非均质性越弱，注气越容易；注气量越大，气体越易运移，并优先驱替储层上部原油。所以，级差越小，纵向波及系数越大，气窜越晚，原油采出程度越高，如图 5-7 所示。

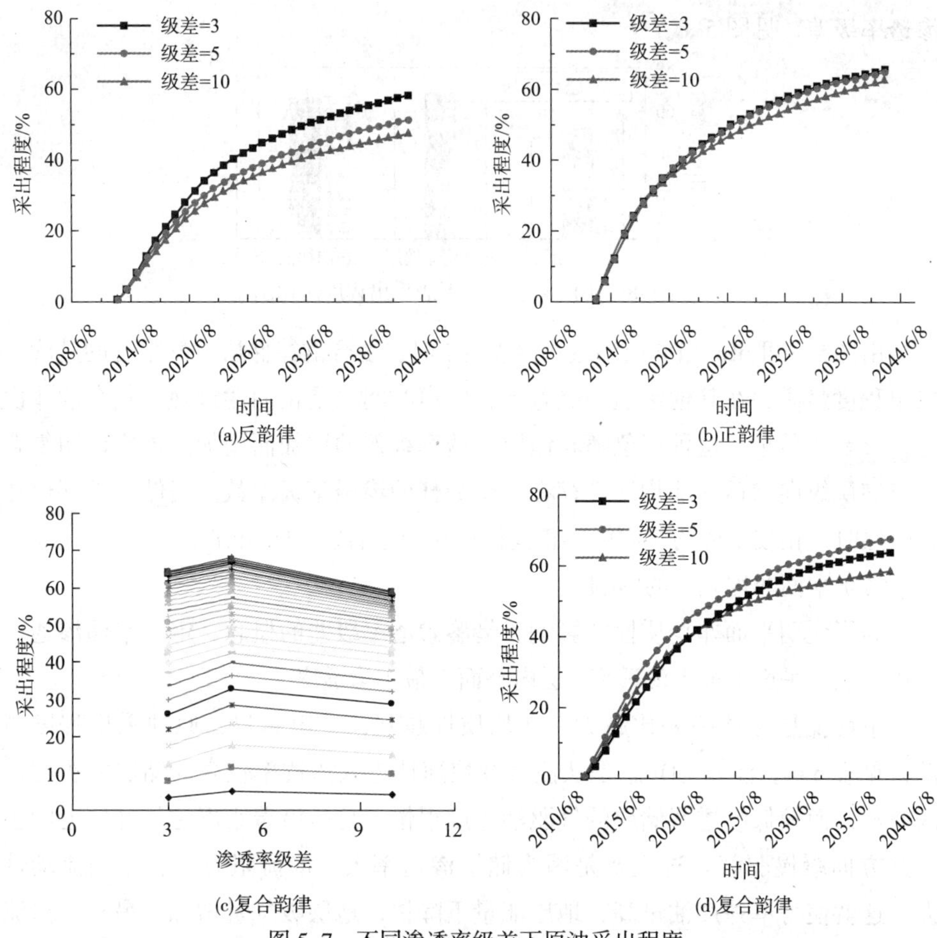

图 5-7　不同渗透率级差下原油采出程度

正韵律储层，渗透率纵向上不断增加，注采层位在高渗带。注入 CO_2 以注气井为中心线呈“鼻状隆起”形分布，优先驱替储层低部位原油。对比不同渗透率级差下的气窜时间，发现超低渗油藏垂向储层渗透率级差越小，射孔储层渗透率越小，气窜越晚，原油采出程度越高。但是由于正韵律储层不同级差下的注气量完全相同，地层补充能量相同，所以采出程度相差不大，见图 5-7。因此在正韵律条件下，采出程度只与注采层位及其更低部位的储层吸气能力大小（渗透率大小）有关。

复合韵律储层，渗透率变化不一，注入气总是倾向于进入渗透率较高的小层。对比不同渗透率级差下的采出程度，发现超低渗油藏垂向储层渗透率级差为 5 时注气量最大，气窜最晚，原油采出程度最高。说明复合韵律的超低渗油藏注 CO_2 驱油采出程度与储层韵律为二次多项式的关系，存在一个最佳的复合渗透率级差，见图 5-8。

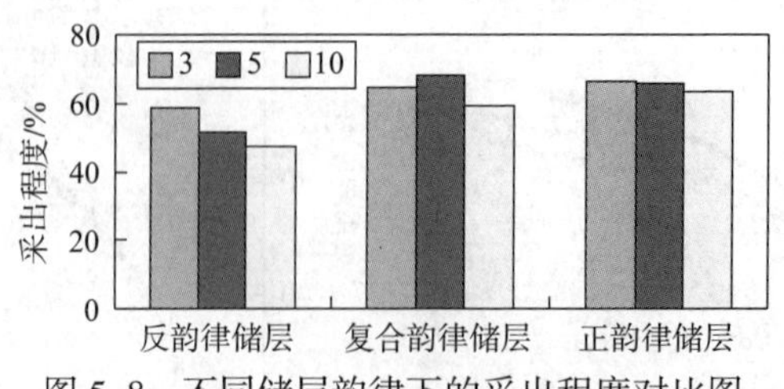

图 5-8 不同储层韵律下的采出程度对比图

由图5-8可知，当储层渗透率级差为5时，复合韵律储层的气窜时间越晚，采出程度最高；在其他渗透率级差下，气窜时间总是正韵律最晚，复合韵律次之，反韵律最早，这种现象随着储层渗透率级差的增加而增加。再次说明复合韵律储层纵向渗透率非均质性存在一个最佳的渗透率级差数。当储层下部位注采同层时，相较于反韵律储层，正韵律储层更适合注 CO_2 开采。

（2）平面非均质性的影响。

为了说明平面非均质性的影响，借鉴渗透率级差的概念，定义平面渗透率差比 = 层内平面上最大渗透率 / 层内平面上最小渗透率。

平面储层渗透率差比越大，非均质性越强，气窜越早，原油采出程度越低，见表 5-4。注入 CO_2 总是从注气井快速地进入渗透率较高的储层并驱替该区原油；而较低渗透率储层的气驱油速度很慢，总是沿着距离注气井较近的生产井方向缓慢驱替。这主要是因为储层渗透率大、渗流阻力小、原油流动性强，这就使得单井产油量高，地层能量下降快，地层吸气量增加；另外，渗流阻力小的储层气体更易进入，这种相辅相成的双重作用就导致大量气体优先进入储层高渗带。在注采压差作用下，气体的强流动性也会使注入 CO_2 向低渗带生产井驱进，只是由于渗流阻力的增加，驱替速度很慢。

表 5-4 不同渗透率差比下 CO_2 驱油采出程度表

渗透率水平变化	渗透率差比	采出程度 /%
逐渐减小	3	61.93
	5	56.00
	10	51.54
大小交替，无固定规律	3	66.94
	5	59.89
	10	56.08

综上所述，相较于注水开发，超低渗油藏更适合注 CO_2 开发：注入压力低、采出程度高；在相同渗透率下，注 CO_2 采出程度是注水开发的 2 倍左右，渗透率越小，差异越明显。垂向上，在储层正韵律及反韵律情况下，渗透率级差越大，非均质性越强，注气开发气窜越早；在复合韵律情况下，气窜时间早晚与级差大小之间存在一个最佳级差。水平方向上的渗透率差比越大，非均质性越强，气窜越早。林杨等人（2010）研究 CO_2 在无填充相、有填充相不同渗透率级差下的多孔介质中 CO_2 驱的气窜规律也表明，渗透率级差越大，储层低渗区气窜得越晚，这是由于注入气都优先沿着高渗带突进造成的。

5.1.3 气窜判断标准及时间预测

随着注气开采的广泛应用，气窜问题受到越来越多学者的广泛关注，形成了多种气窜判别方法——生产气油比法、气窜系数法、溶解气法、三段式法，但是这些判断方法绝大多数都是针对研究对象的特点结合采出程度的变化规律来界定气窜特征的，所以到目前为止对气窜的判定始终没有一个普遍适用的标准。

生产汽油比法：利用生产气油比变化特征来研究气窜。在混相与非混相两种不同驱替模式下，气窜时气油比的不同变化规律不同：混相条件下气窜前生产气油比基本保持与原生产气油比一致，气窜后急剧上升，采出程度增加缓慢；非混相条件下生产气油比气窜前缓慢上升，气窜后急剧上升，采出程度增速减缓。也就是说，按照生产气油比变化来判断气窜的话，其值迅速上升时就认为气窜（李景梅，2012）。但是在实际生产中，地层条件下的混相驱与非混相驱并不是一成不变的，所以仅从气油比迅速上升这个参数来判断气窜与否，不够准确。

气窜系数法：定义实验气驱油过程中采出端含气率随着注入量的变化与横坐标所构成的区域面积与总注气量的比值为气窜系数，用该系数来衡量气窜的影响，气窜系数与气窜对开采的影响正相关（杨红，2015）。该方法要不断计算生产井含气率及其与横坐标轴面积，实用性不强。

溶解气法：李绍杰（2016）研究得出 CO_2 组分未达到井底前，油井没有见气或者气窜，CO_2 的作用仅仅是补充了储层能量；在 CO_2 达到井底之后，油井开始见气，这也就代表着溶解了 CO_2 的原油也到达生产井底。而溶解了 CO_2 的原油流动性强、易开采，所以此时原油采出程度迅速增加，增油效果最显著。油井见气后，随着产气量的增加，气驱波及系数逐渐减小，日产油量逐渐减小，气油比增加，原油采出程度增加速度减缓趋于平稳；直至 CO_2 形成连续相，不能再携带产出油时，气窜形成，波及系数最小，此时原油采出程度将不再增加。该方法浅显易懂，计算性强。

三段式法：结合采出程度及气油比的综合变化提出气窜的三段式定义。采出程度迅速增加阶段，气油比平稳，未见气；采出程度缓慢上升阶段，气油比缓慢上升，气体突破；采出程度平稳阶段，气油比迅速增加，气窜形成（Xianggang Duan，2016）。但是生产实际中的地层条件复杂，这种明显的三段式变化很少，所以适用性不强。可用于实验室及基质概念模型（无裂缝）等理论模型中。

根据前面对气窜判断的研究，结合研究区压裂缝发育的实际情况，建立裂缝一注一采概念模型，模型大小为 $550m \times 300m \times 8m=1320000m^3$，网格数因裂缝形式不同而不同，具体参数见表 5–9；模型基质渗透率为 $0.67 \times 10^{-3}\mu m^2$，含油饱和度为 55%，孔隙度为 12%；其中注采井裂缝方位均为正北方向的模型，如图 5–9 所示。结合物质平衡原则，引入日产溶解气量概念，定义裂缝模型气窜判断标准：当生产气油比小于或者等于原始气油比时为未见气阶段，当生产气油比上升大于原始气油比时油井开始见气，当产气量大于产油量中的最大溶解气量时定义为运移通道形成，产气量急剧上升达到最大值、日产油开始下降时定义为气窜，当日产油及产气量都趋于平稳时彻底气窜，如图 5–10 所示。其中溶解气量计算公式如下：

$$\text{日产溶解气量} = \text{日产油量} \times \text{溶解气油比}(ROG) \quad (5\text{–}2)$$

$$ROG=-0.21512P^2+23.0614P-104.775 \quad (5\text{–}3)$$

式中 ROG——溶解气油比。

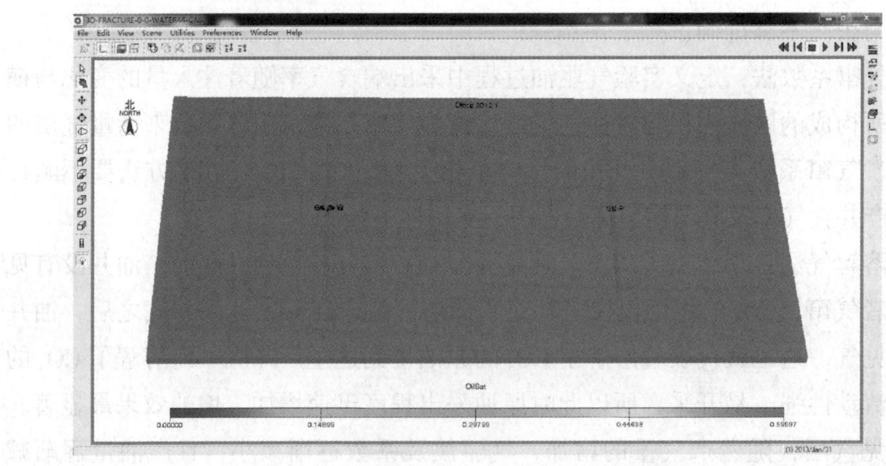

图 5–9 裂缝一注一采模型（左注右采）

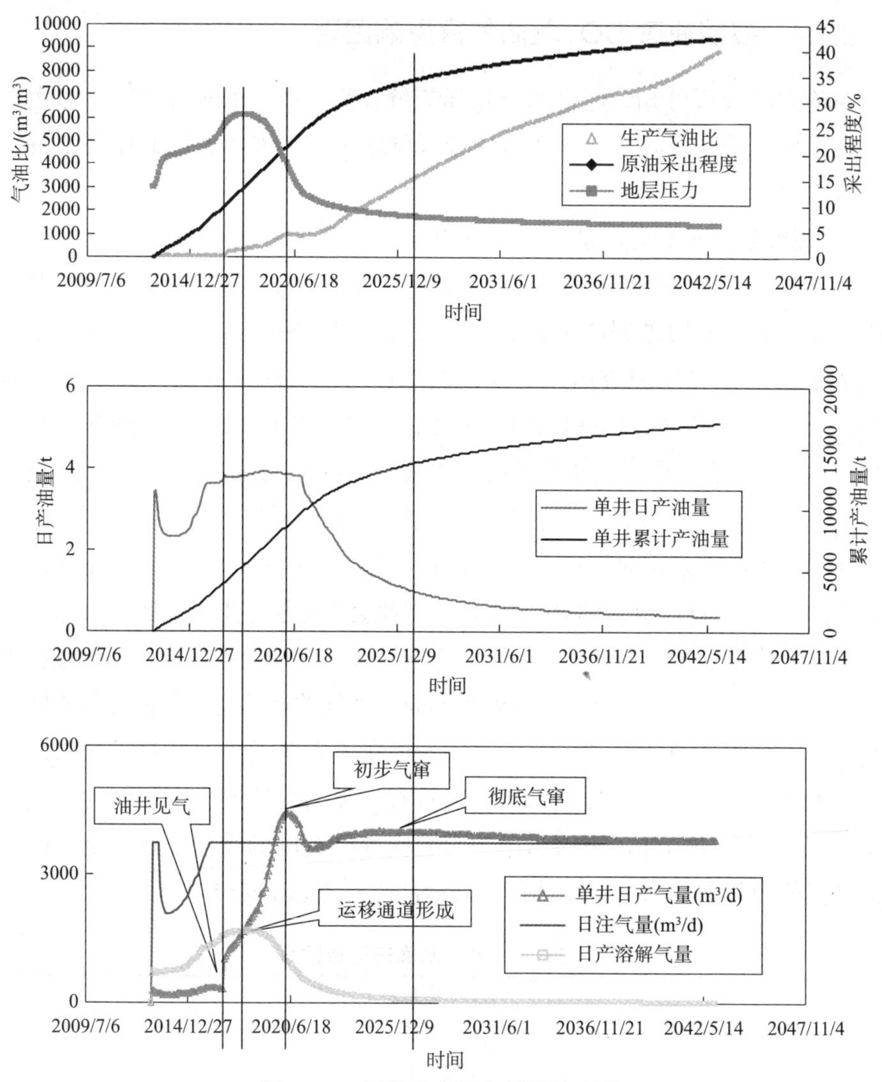

图 5-10　气驱生产气窜判断标准图

由图 5-10 可以看出，超低渗储层注 CO_2 开采油井未见气前单井日产气量及气油比稳定，采出程度增加缓慢；当注入气到达生产井底后，油井见气，此时与注入气作用的原油也到达生产井底，该部分原油流动性强、易开采，所以采出程度迅速增加，单井日产气量增加，气油比缓慢上升；当单井日产气量上升到大于单井日产油量中所能溶解的最大气量时，油井运移通道形成，地层压力开始难以维持；之后日产气量迅速增加到达最高点后不再增加，至此油井初步气窜，采出程度增幅开始变得越来越小，单井日产油量不断下降直至平稳。

5.1.4 裂缝油藏 CO_2 驱油气窜影响因素

由前面的分析可知，超低渗储层压裂缝发育，CO_2 驱的气窜问题对生产极度不利，要想提高采收率，就要避免或者延缓气窜的发生，因此就要了解气窜的影响因素。

1）裂缝组合对 CO_2 驱油气窜的影响

20 世纪中期，利用高压将液体注入到储层憋压，当近井地带压力大于储层破裂压力时，储层破裂产生裂缝使油气流动阻力减弱达到增产的压裂手段，受到人们的广泛关注和应用，尤其是低渗透、特低渗透油藏压裂生产更是普遍采用的开发手段（HASSEBROEK W E，1964；NOLTE K G，2000；杨潇，2017）。但是裂缝的形成改变了储层流体的渗流特征，加剧了储层的非均质性，降低了储层的剖面波及系数，剩余油在裂缝两侧不规则分布，油田后期稳产困难，在一定程度上来说对生产是不利的（王友净，2015）。但是为了增加产量，超低渗储层开采过程中仍多需压裂生产，因此会在储层中形成人工压裂缝。人工裂缝不同天然裂缝，具有分布不规则、方向性差、延伸短等特点。压裂过程中产生的裂缝形状和尺寸所形成的连通效果不同，油气的运移通道及速度就不同，尤其是平行于气驱方向的裂缝，会导致注入气在该方向上生产井过早气窜，气驱油开采效果不明显。这主要是因为裂缝具有较强的导流能力，裂缝的导流能力就是储层在闭合压力作用下渗透率与裂缝支撑缝宽度的乘积，在一定程度上，裂缝导流能力就是其渗透率的体现。裂缝的表征参数如表 5-5 所示。

表 5-5 裂缝基本表征参数

<table>
<tr><th colspan="2">裂缝基本参数</th></tr>
<tr><td colspan="2">裂缝张开度</td></tr>
<tr><td colspan="2">裂缝大小</td></tr>
<tr><td colspan="2">裂缝间距</td></tr>
<tr><td rowspan="3">裂缝密度</td><td>线性裂缝密度</td></tr>
<tr><td>面积裂缝密度</td></tr>
<tr><td>体积裂缝密度</td></tr>
<tr><td rowspan="3">裂缝产状</td><td>裂缝走向</td></tr>
<tr><td>裂缝倾向</td></tr>
<tr><td>裂缝倾角</td></tr>
<tr><td rowspan="4">裂缝性质</td><td>张开缝</td></tr>
<tr><td>闭合缝</td></tr>
<tr><td>半充填缝</td></tr>
<tr><td>充填缝</td></tr>
</table>

因此，储层中的裂缝的存在，虽然使油田产量增产，但是从可持续发展的角度来看，后期稳产困难，还是要充分调动基质中的原油，才能达到稳产的目的。超低渗油藏注 CO_2 开采过程中要控制裂缝对气窜的影响，让气体尽可能多地波及基质中的原油，而不是通过裂缝窜逸、无效释放，所以研究裂缝对气窜的影响就显得十分必要。

根据研究区对人工裂缝的监测，得到人工裂缝数据表 5-6~ 表 5-8，成果图见图 5-11~ 图 5-13。

表 5-6　38-210 井人工裂缝数据表

裂缝方位	裂缝全长	东翼缝长	西翼缝长	裂缝高度	裂缝产状
北东 43°	186m	92m	94m	16m	垂直

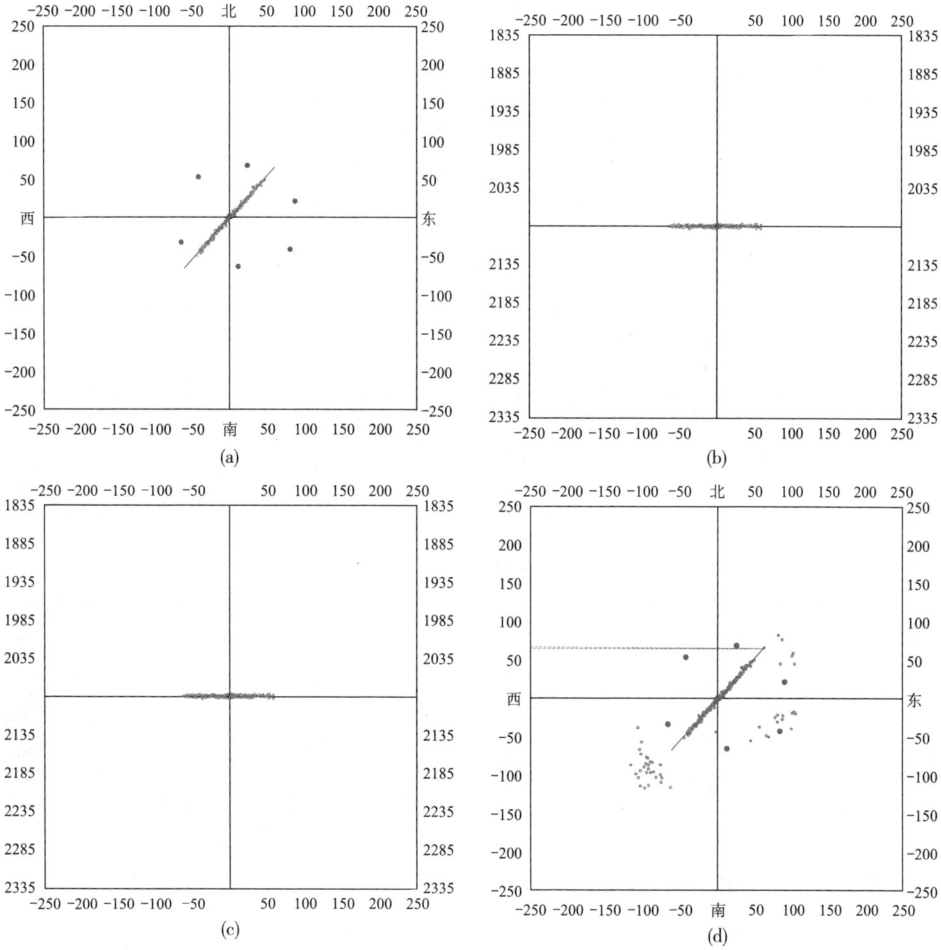

图5-11　38-210井裂缝方位（a）、长度高度（b）、产状（c）及测试原数据图（d）

表 5-7 38-4 井人工裂缝数据表

裂缝方位	裂缝全长	东翼缝长	西翼缝长	裂缝高度	裂缝产状
北东 53°	98m	52m	46m	3.8m	斜立

表 5-8 25-41 井人工裂缝数据表

裂缝方位	裂缝全长	东翼缝长	西翼缝长	裂缝高度	裂缝产状
北东 88°	257m	127m	130m	25m	垂直

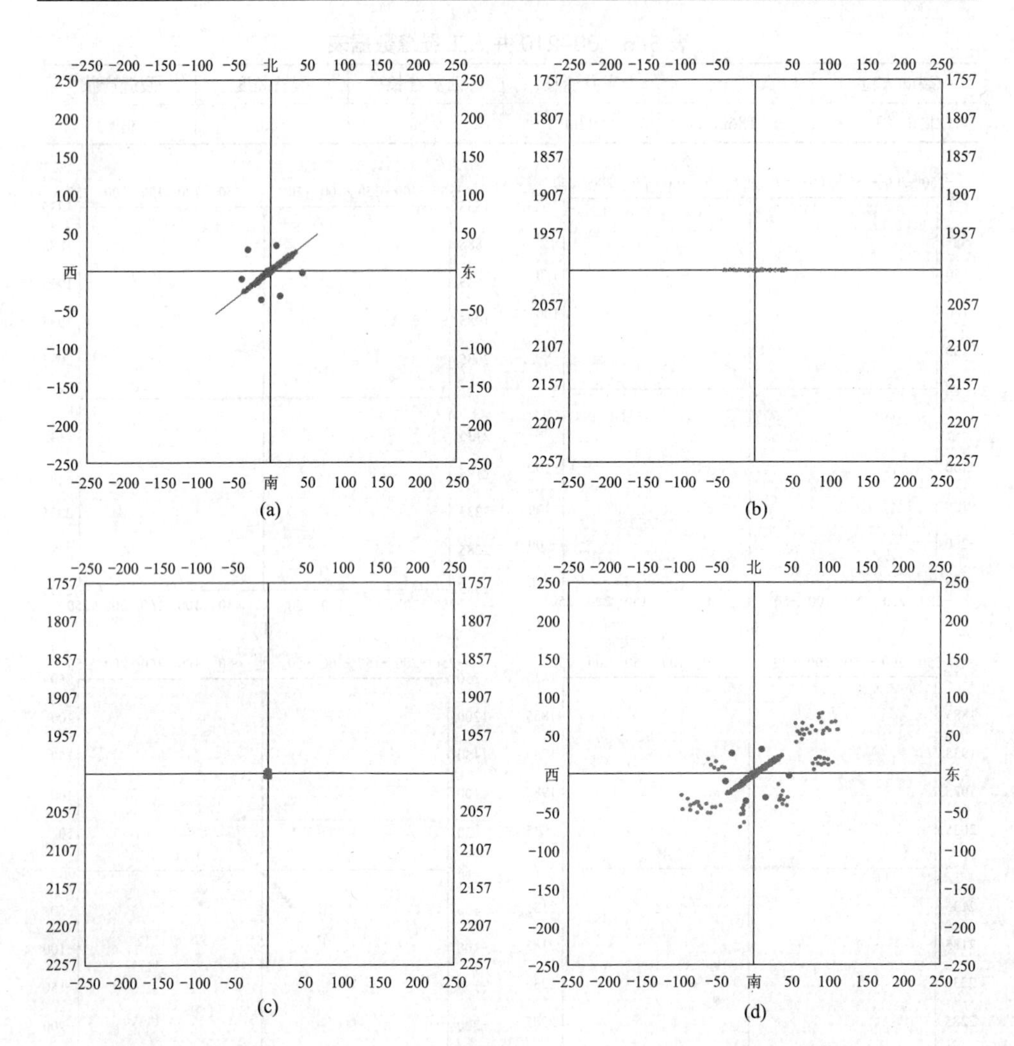

图 5-12 38-4 井裂缝方位（a）、长度高度（b）、产状（c）及测试原数据图（d）

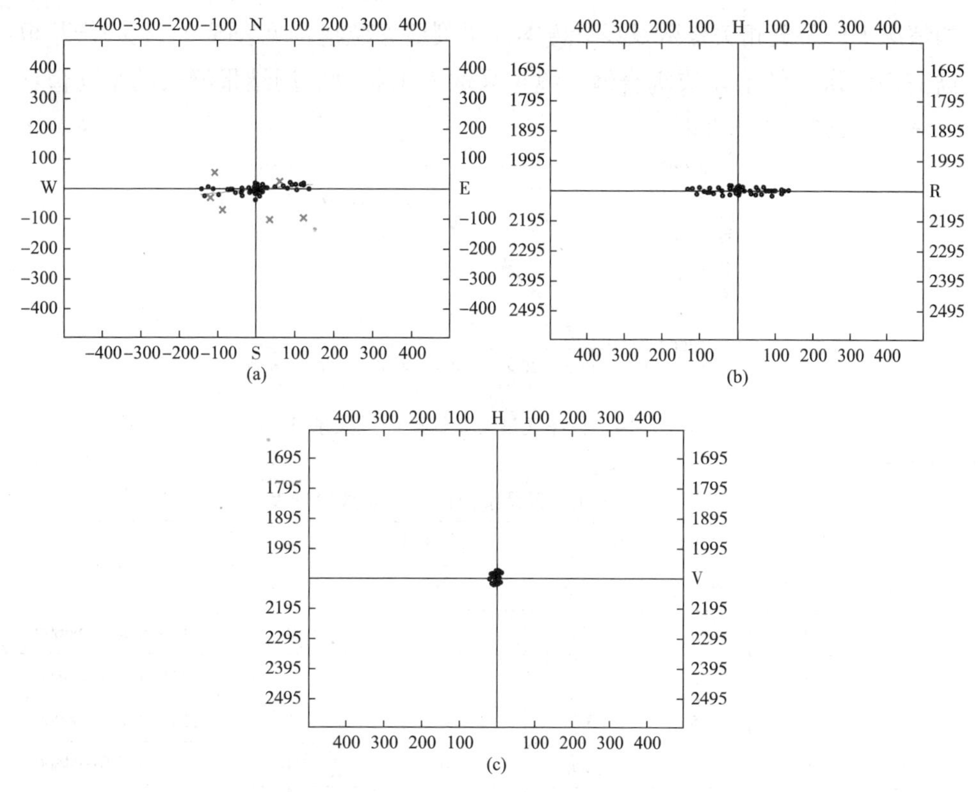

图5-13　25-41井裂缝方位（a）、长度高度（b）及产状图（c）

借鉴目前鄂尔多斯盆地裂缝研究成果及邹吉瑞（2016年）裂缝注气井裂缝两侧基质布井采油的实验思想、结论，为了研究压裂缝方位及分布方式对气窜时间及采出程度的影响，设计了一口注气井一口采油井的一注一采概念模型。模型只考虑了主缝方位，未考虑次裂缝方位，参考真实裂缝宽度及渗透率，利用等效导流能力（等效渗流阻力）原理将真实储层中的裂缝等效成概念模型中的裂缝（真实裂缝的张开度 × 渗透率 = 概念模型储层裂缝张开度 × 渗透率），注采井分别位于注采裂缝上。

进行注气开采要明确气体在地面及地下状态下的体积变化关系。利用 CO_2 在不同温度压力条件下的密度变化，根据质量守恒定律，CO_2 气体在标况下的密度为 1.977kg/m³，在储层条件下（13.5MPa、59℃）的密度为 540kg/m³，因此储层条件下 1m³ CO_2 的在地面条件下的体积为 273m³。通过注气量与累计产油量关系图（见图 5-14），可知最佳注气量为 3750m³/d。因此概念模型在基质渗透率（$0.67 \times 10^{-3}\mu m^2$）、含油饱和度（55%）、孔隙度（12%）、地层压力（13.3MPa）、日注纯 CO_2 量（3750m³/d）、日产液量（5m³）等参数都相同的情况下，裂缝相关参数及设计方案注采裂缝方位组合见表 5–9。裂缝产状根据前面的研究结果设成垂直缝，缝长采取人工裂缝监测结果缝长的平均值：（186+98+257）/3=180m。

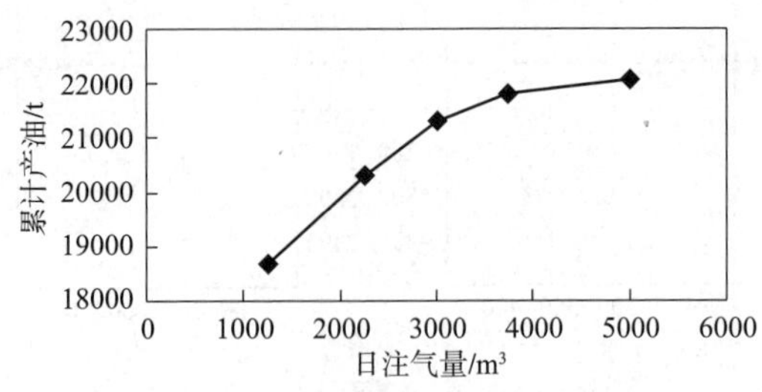

图 5–14　日注气量与累计产油量关系图

表 5–9　一注一采裂缝概念模型参数设计表

裂缝方位 /（°）		等效裂缝宽度 /m		等效裂缝渗透率 /$10^{-3}\mu m^2$		网格数 / 个
注气缝	生产缝	注气缝	生产缝	注气缝	生产缝	
0	0	5	5	50	50	110 × 60 × 10=66000
0	30	5	2.5	50	100	123 × 60 × 10=73800
0	45	5	3.5	50	71	110 × 60 × 10=66000
0	60	5	2.5	50	100	110 × 86 × 10=94600
0	90	5	5	50	50	110 × 60 × 10=66000
30	0	2.5	5	100	50	123 × 60 × 10=73800
30	30	2.5	2.5	100	100	136 × 60 × 10=81600
30	90	2.5	5	100	50	123 × 60 × 10=73800
45	0	3.5	5	71	50	110 × 60 × 10=66000
45	45	3.5	3.5	71	71	110 × 60 × 10=66000
45	90	3.5	5	71	50	110 × 60 × 10=66000
60	0	2.5	5	100	50	110 × 86 × 10=94600
60	60	2.5	2.5	100	100	110 × 73 × 10=80300
60	90	2.5	2.9	100	86	110 × 73 × 10=80300
90	0	5	5	50	50	110 × 60 × 10=66000
90	30	5	2.5	50	100	123 × 60 × 10=73800
90	45	5	3.5	50	71	110 × 60 × 10=66000
90	60	2.9	2.5	86	100	110 × 73 × 10=80300
90	90	5	5	50	50	110 × 60 × 10=66000

注：裂缝方向指的是与正北方向的夹角。

从两裂缝间距离、气驱方向与生产井裂缝夹角和气驱波及面积 3 个方面分别对比不同注采裂缝组合下的气窜时间及采出程度。

（1）注采裂缝间距离对气窜的影响。

设置注气井裂缝角度为 0°、30°、45°、60°、90° 五种形态，分别对比每种注气井裂缝形态下，当采油井裂缝角度由 0° 到 90° 变化时的驱油效果及剩余油分布情况，见表 5–10。方案 1、2、3 均体现出当两条裂缝平行时的开采效果最好，气窜时间晚、采出程度高。例如，方案 1 中的 0–0 组合效果最好，将这种开采方式近似地看成是两个分支水平井组合（见图 5–15）。两口平行水平井注采的压力分布如图 5–16 所示（王立群，2013），可以看出，水平井一注一采系统两井之间的绝大多数区域范围压力变化较均匀、驱替均匀。水平井根部及趾部局部范围内压力变化较大，因此油藏气驱范围内多为均匀驱替，气窜晚、采出程度高。也就是说，当注气井裂缝角度小于 45° 时，两裂缝间距离较远，气驱时驱替越均匀，气窜越晚。

表 5–10　一注一采裂缝不同组合方式开采效果表

方案号	裂缝组合方式	见气时间	运移通道形成时间	初步气窜时间
1	0–0	2014.12	2019.5	2022.9
	0–30	2014.12	2019.4	2022.3
	0–45	2014.10	2019.2	2021.4
	0–60	2014.8	2018.6	2021.4
	0–90	2014.10	2017.12	2020.3
2	30–0	2014.3	2015.11	2017.5
	30–30	2014.4	2016.9	2018.8
	30–90	2014.4	2015.7	2017.5
3	45–0	2013.10	2015.7	2016.12
	45–45	2014.1	2015.10	2017.7
	45–90	2014.1	2014.8	2015.10
4	60–0	2013.9	2014.11	2016.4
	60–60	2013.10	2014.9	2016.1
	60–90	2013.8	2014.2	2014.12
5	90–0	2013.8	2014.11	2016.3
	90–30	2013.9	2014.10	2016.1
	90–45	2013.9	2014.6	2015.7
	90–60	2013.9	2014.1	2014.11
	90–90	2013.7	2013.10	2014.4

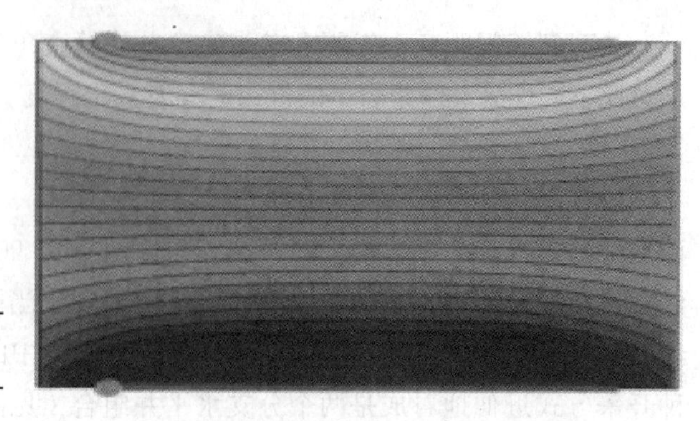

图 5-15 分支水平井　　图 5-16 水平井一注一采压力分布图

值得一提的是，对比两缝平行时的气窜时间发现：当两条裂缝的距离越小（60–60<45–45<30–30<0–0），开采效果越差。这主要是由于两平行裂缝距离越短，注入气越早达到生产井，气窜越早，采出程度越低。类似地，当生产井裂缝角度不改变，注气井裂缝角度由从 0°~90° 变化时，注采井裂缝间越来越近，驱替变得越来越不均匀，气窜越来越早，采出程度越来越低。

利用汇源反应法可以近似地将水平井看成是无限点源点汇的集合，对比方案 4、5，当注气井裂缝角度大于 45° 时，注气井裂缝与生产井裂缝最大点汇（生产井）的距离较近，生产压差作用力强，生产井裂缝对注气井裂缝的作用不均匀，气窜时间主要受气驱方向与生产井裂缝夹角的影响。

（2）气驱方向与生产井裂缝夹角对气窜的影响。

从另一个角度来看，生产井裂缝角度从 0°~90° 变化时，恰好与气驱方向夹角呈从 90°~0° 变化，借鉴陈明强的研究结论，在裂缝性低渗透油藏水平井开发过程中，应考虑水平井走向与裂缝保持较大夹角，才能更有效地提高水平井的产能。方案 4、5 中的注采裂缝组合，在气驱范围（注气井裂缝）一定的情况下，生产井裂缝与气驱方向的夹角越大，气窜越晚，开采效果越好。例如在方案 4 中，当注气井裂缝角度为 60° 时，受生产压差的影响，注入气体总是优先通过北部半缝流入生产井及生产井裂缝。60–0、30–30 生产示意图如图 5–17~图 5–20 所示。60–0 的裂缝组合生产井裂缝与气驱方向的夹角较 60–60 裂缝组合的大，在较大生产压差下，注入气全部倾向于向 60° 生产井裂缝的生产井点汇驱进，生产井上部位裂缝不能充分发挥渗流通道的作用；0° 生产井裂缝能够更均匀、更早地发挥流体渗流通道作用，而非气体通道作用，油井生产井底压降小，气窜晚、采出程度高。

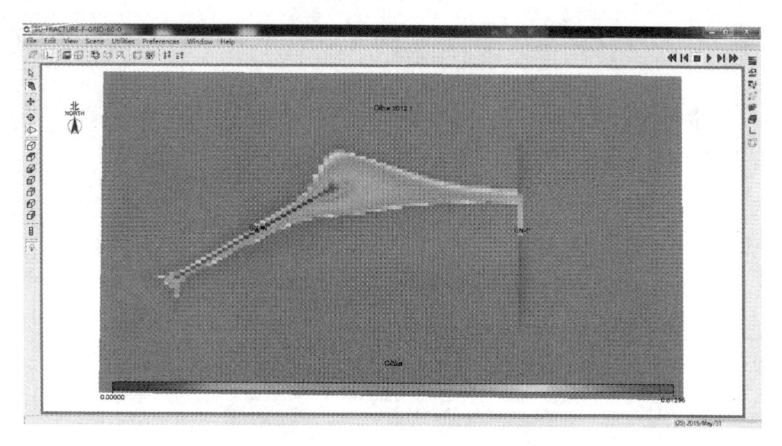

图5-17 60-0裂缝组合（2015.5）气驱油效果图（左注右采）

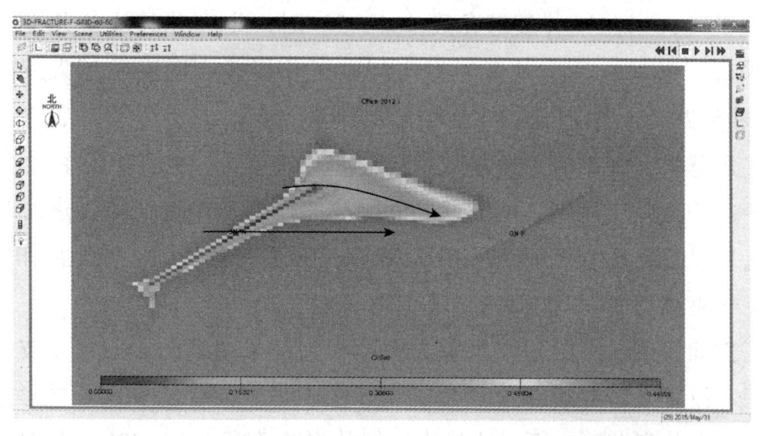

图5-18 60-60裂缝组合（2015.5）气驱油效果图（左注右采）

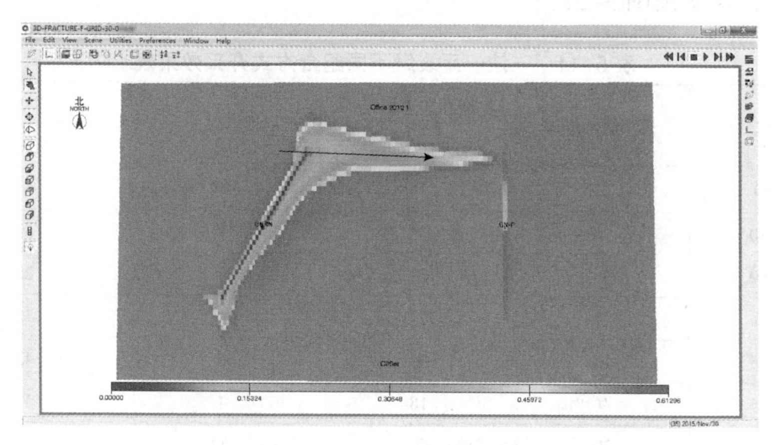

图5-19 30-0裂缝组合（2015.11）气驱油效果图（左注右采）

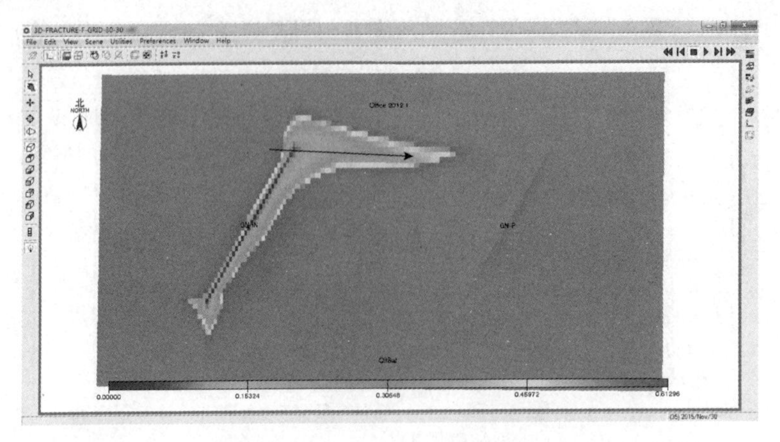

图5-20 30-30裂缝组合（2015.11）气驱油效果图（左注右采）

也就是说，当注气井裂缝角度小于45°时，生产井与注气井平行时气窜晚、开采效果最好，其次是气驱方向与生产井裂缝方向夹角越大越好（见图5-19及图5-20）；当注气井裂缝角度大于等于45°时，生产井裂缝方向与气驱方向夹角越大，气窜晚、开采效果越好。这主要是因为注气井裂缝小于45°时，生产井的压差作用弱，两裂缝之间距离的作用强；注气井裂缝大于45°之后，注气井裂缝距离生产井较近，所以流体受压差作用较大，受距离作用较弱。

（3）气驱波及面积对气窜的影响。

为了方面说明，此处定义气驱波及面积为注采两缝间CO_2气体波及的俯视平面面积。设置生产井裂缝角度为0°、30°、45°、60°、90°五种形态，分别对比每种生产井裂缝形态下，比较当注气井裂缝角度由0°~90°变化时的驱油效果，见表5-11及图5-21。

表5-11 一注一采裂缝不同组合方式开采效果表

裂缝组合	见气时间 / 月	运移通道形成时间 / 月	初步气窜时间 / 月	见气到初步气窜时间间隔 / 月
0–30	24	76	111	87
30–30	16	45	68	52
90–30	9	22	37	28
0–45	22	74	100	78
45–45	13	34	55	42
90–45	9	18	31	22
0–60	20	66	100	80
60–60	10	21	37	27

续表

裂缝组合	见气时间 / 月	运移通道形成时间 / 月	初步气窜时间 / 月	见气到初步气窜时间间隔 / 月
90–60	9	13	23	14
0–90	22	60	87	65
30–90	16	31	53	37
45–90	13	20	34	21
60–90	8	14	24	16
90–90	7	10	16	9
0–0	24	77	117	93
30–0	15	35	53	38
45–0	10	31	48	38
60–0	9	23	40	31
90–0	8	23	39	31

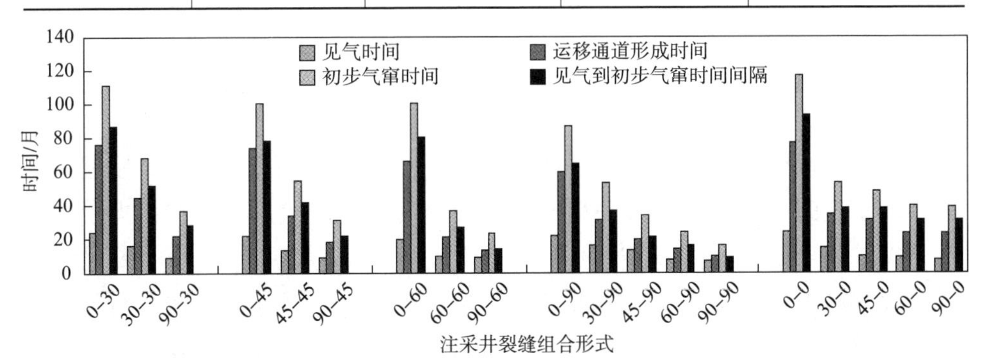

图 5–21 不同裂缝组合气驱油效果对比图

分析可知，在生产井裂缝不变、只改变注气井裂缝的情况下，气驱波及面积越大，注采裂缝控制的面积也就越大，见气时间、运移通道形成时间及初步气窜时间越晚，开采效果越好，采出程度越高。这主要是由于在生产井裂缝一定的情况下，改变注入井裂缝角度就等于改变了气驱波及面积及气驱前缘的均匀前进度。当注气井裂缝从 90°~0° 变化时，注气井裂缝与生产井裂缝之间的气驱波及面积越来越大（见图 5–22），从而气窜越来越晚，采出程度越来越高。一般地，见气时间与初步气窜时间的时间间隔越长，采出程度越高，见图 5–23。这主要是因为油井见气后，溶解了 CO_2 的原油流动性增加了，如果气窜时间越晚，与 CO_2 作用的原油就能更多地流入裂缝及生产井，从而增加采收率。

图 5-22 注气井裂缝方位变化气驱波及面积大小对比图

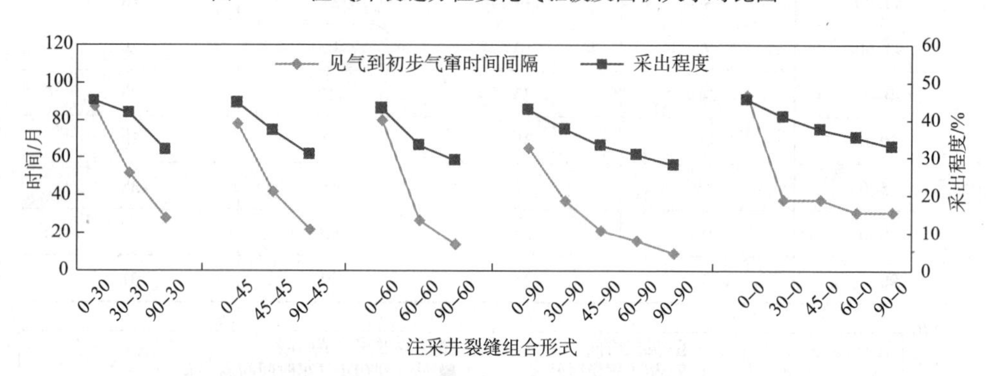

图 5-23 不同裂缝组合见气与气窜时间间隔和采收率对比图

值得一提的是，当生产井裂缝小于 45° 时，由于两缝间距离较远，气驱波及面积即为注气井裂缝与生产井裂缝沿气驱方向组成的面积；当生产井裂缝大于 45° 时，由于水平井趾部点源与最大点汇距离较近，注入气沿着生产压差最大的方向突进，所以基本上生产井裂缝上半部缝长不参与气驱生产，气驱面积小。这也就是 30–30 比 30–0 气窜晚而 60–60 比 60–0 气窜早的原因。

综上所述，气体总是首先沿着渗透率大及生产压差大的方向突进。不同注采裂缝组合主要受到生产井裂缝与气驱方向的夹角、注采井间裂缝的距离及气驱波及的面积三方面的影响，气窜时间分别与上述因素成正相关关系。夹角越大、两裂缝距离越远，气驱控制越大，气驱越均匀、气窜越晚，采出程度越高，如图 5-24~ 图 5-26 所示。且由图 5-25 及图 5-26 可知，初步气窜时间、见气与初步气窜时间间隔二者均与采收率成较好的对数式关系。整体来说，气驱前缘越早达到生产井，气窜越早，开采效果越差，因此方案 1~5 开采效果依次递减。

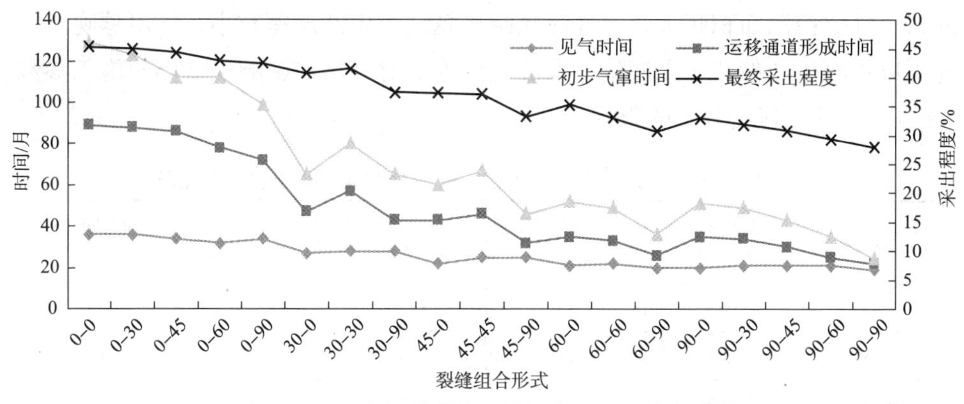

图 5–24　一注一采裂缝不同组合方式开采效果图

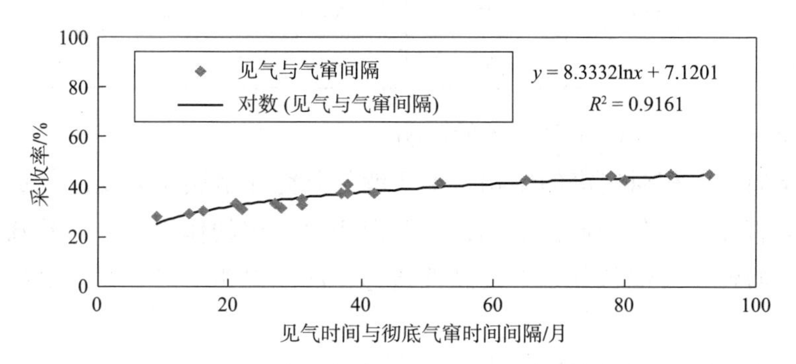

图 5–25　见气与气窜时间间隔和采收率关系图

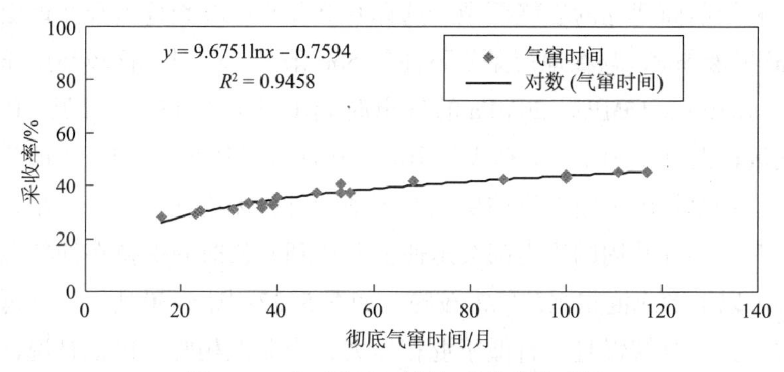

图 5–26　初步气窜时间与采收率关系图

通过比较两裂缝组合方式还发现，在注气井裂缝不变、只改变生产井裂缝的情况下，气窜时间、采出程度变化幅度远小于生产井裂缝不变、只改变注气井裂缝方向的相应值，见表 5–12。说明生产井裂缝方位的变化对气窜及采收率的影响小于注气井裂缝方位变化带来的影响，这是由于注气井裂缝方位的变化对气驱控制面积（见图 5–22）、渗流场及生产压差的影响显著，见图 5–17、图

5–19。气驱控制面积越大，两井渗流距离越远，生产压差越小，气窜越晚。由此可以预测生产参数（采液量、采液速度等）对气窜的影响程度小于施工参数（注气量、注入速度等）的影响。

表 5–12 一注一采裂缝不同组合方式气窜时间及采出程度对比表

裂缝组合	采出程度变化幅度	气窜时间变化/月	裂缝组合	采出程度变化幅度	气窜时间变化/月
30–X	3.31	15	X–30	13.06	74
45–X	4.05	14	X–45	13.47	69
60–X	4.65	16	X–60	13.53	77
90–X	4.93	23	X–90	14.50	71
0–X	2.80	30	X–0	12.37	78

2）油气混相对 CO_2 驱油气窜的影响

研究油气混相对气窜的影响，主要就是研究在地层压力及注气量的双重作用下能否使注入气与原油混相，以及混相对气窜的作用。在此基础上研究储层非均质性（裂缝传导率）及黏性指进（油气混相）二者对气窜影响程度的强弱。

（1）地层压力对气窜的影响。

首先利用前面建立的裂缝模型，选择 0–0 及 90–90 裂缝组合在地层条件下注气 $10m^3$ 采液 $5m^3$，与在地层条件下注气 $5m^3$ 采液 $5m^3$ 时，比较地层压力分别为 6MPa、10MPa、15MPa、20MPa 的气窜时间（见表 5–13）。可见，0–0 裂缝组合注气量较大时（$10m^3$）的初步气窜时间比注气量较小时（$5m^3$）的晚，采出程度高。这主要是因为超低渗储层流体流动困难，无论地层压力大小，只要注气量较大时，注气井周围压力都会迅速上升达到并长时间保持在油气混相压力（17.8MPa）以上形成混相驱，气窜较晚，如图 5–27~ 图 5–30 所示。在低注气量下，地层压力上升缓慢且一直低于混相压力，为非混相驱。也就是说，在高注气量下，油气易混相、气窜晚，即油气混相可以有效减少气驱前缘指进、延缓气窜。

90–90 裂缝由于裂缝距离太近，极易形成高渗流通道，因此注气量及混相对该裂缝组合气窜时间的影响不大。

表 5-13 不同注气量及地层压力下气窜时间表

注采参数 /（m^3/d）	裂缝组合	压力 / MPa	见气时间	运移通道形成时间	初步气窜时间	最终采出程度 /%
注 5 采 5	0–0	6	2014.8	2020.12	2021.1	38.72
		10	2014.8	2021.7	2021.8	39.30
		15	2016.3	2021.8	2021.9	39.62
		20	2016.7	2021.2	2021.4	40.13
	90–90	6	2014.3	2014.6	2014.8	22.02
		10	2014.2	2014.5	2014.7	22.26
		15	2013.12	2014.4	2014.7	22.53
		20	2013.11	2014.3	2014.5	23.05
注 10 采 5	0–0	6	2013.12	2019.9	2022.8	45.30
		10	2013.10	2019.5	2022.6	44.92
		15	2015.1	2019.8	2022.1	44.32
		20	2015.3	2019.6	2022.11	42.89
	90–90	6	2013.7	2013.10	2014.4	42.50
		10	2013.8	2013.10	2014.6	40.80
		15	2013.7	2013.9	2014.5	41.58
		20	2013.7	2013.10	2014.6	37.49

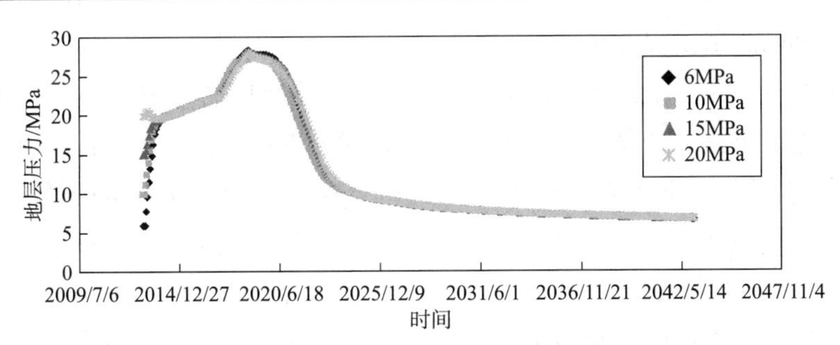

图 5-27 0–0 裂缝组合地层压力注 10 m^3 采 5m^3 变化图

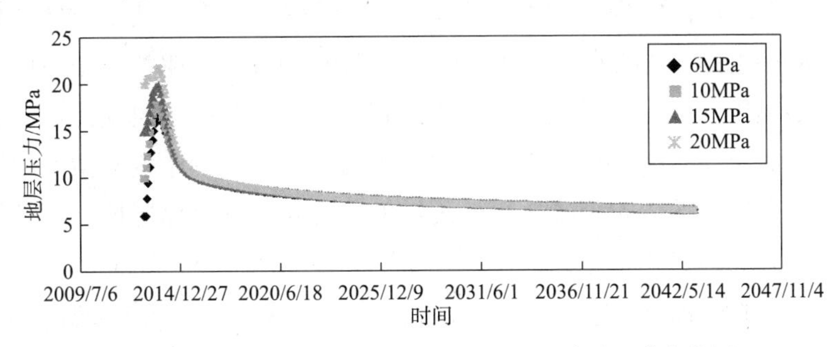

图 5-28 90–90 裂缝组合地层压力注 10 m^3 采 5m^3 变化图

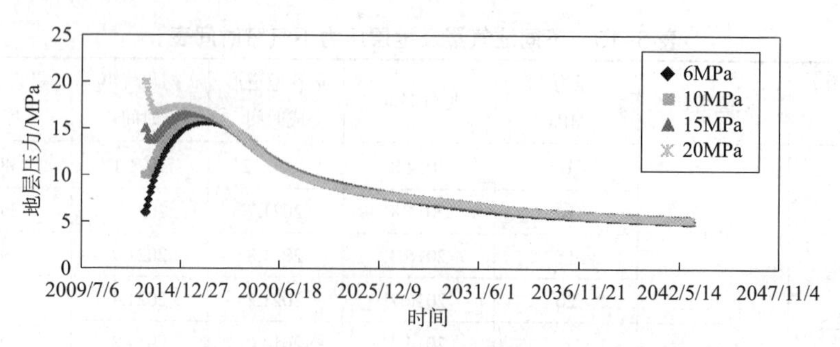

图 5-29 0-0 裂缝组合地层压力注采 5m³ 变化图

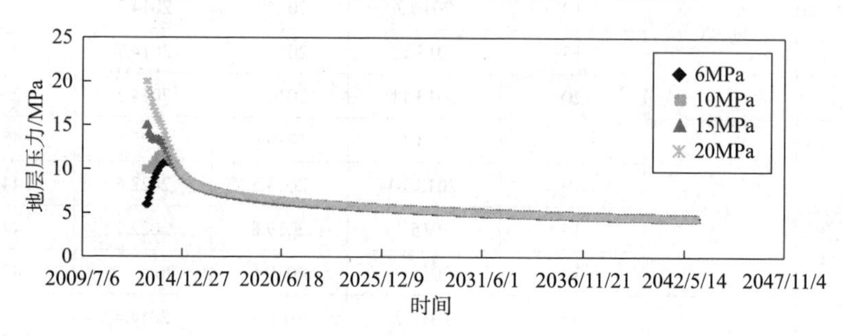

图 5-30 90-90 裂缝组合地层压力注采 5m³ 变化图

当注气量相同、地层压力不同时，地层压力的变化对气窜时间的影响不大。小注气量（注采不平衡）非混相驱时，采出程度主要受地层能量的影响，地层压力越高，采出程度越高。

注大采小时：以注 10 采 5 裂缝组合 0-0、地层压力 10MPa 为例。开采初期，由于地层低渗、流体流动不易，生产井附近地层压力迅速下降，注气井周围地层压力急速上升至混相压力以上，如图 5-31 所示。随着生产的进行，注入 CO_2 将地层流体驱替至生产井底附近，生产井附近地层压力上升，日产油量增加，如图 5-32 所示。当注入气体到达生产井，生产井日产气量大于日产溶解气量时，运移通道形成（2019.5），此时地层压力最大（见图 5-33），之后气窜形成地层压力下降，如图 5-34 所示。气驱油过程中的地层压力是动态变化的，因此油气混相也是动态变化的，但由于驱替过程中气窜前驱替前缘地层压力一直保持在混相压力以上，因此整个气驱过程都是活塞驱替。也就是说，裂缝存在的超低渗储层注气开采过程中，地层压力对气窜时间的影响甚微，地层压力保持水平才是气窜的影响因素之一。裂缝的存在对超低渗储层地层压力因注气得到的压力升高的影响很小，地层压力主要是因为基质渗透率低，流体流动困难，随着气体的注入而迅速上升。类似地，在注大采小——注 5 采 2 的情况下，地层压力变化情况也基本符合上述规律，如图 5-35 所示。

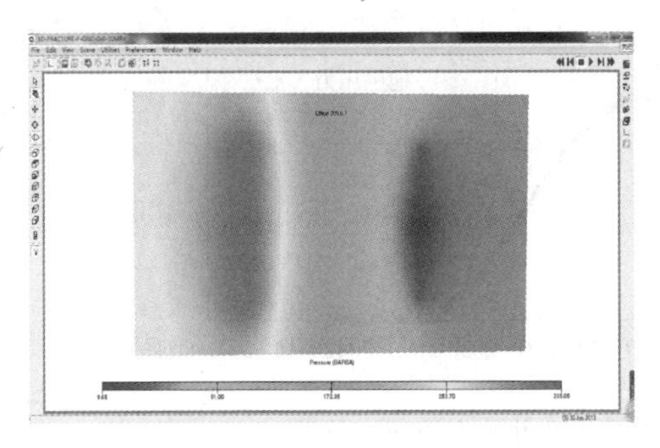
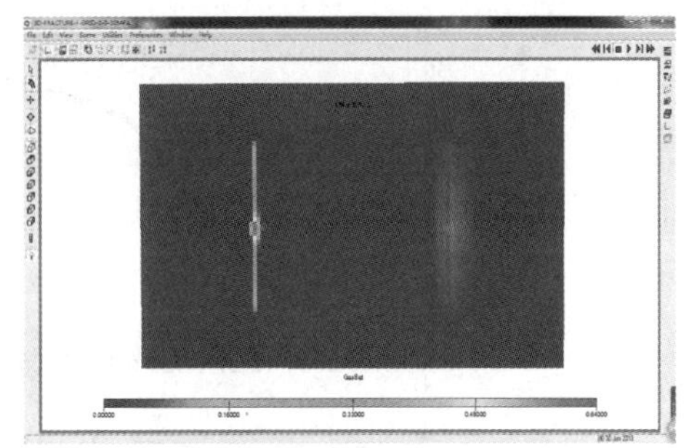

图 5-31　2013 年 10 月地层压力（左）及含气饱和度（右）分布图

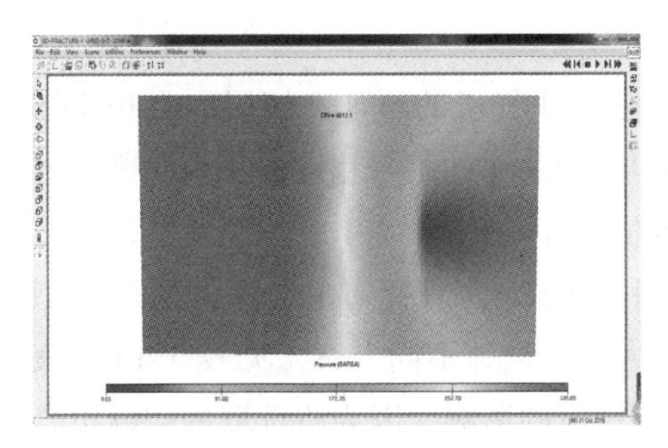
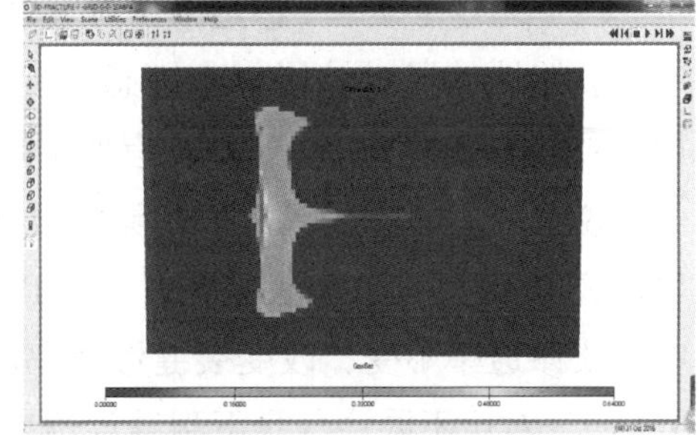

图 5-32　2016 年 10 月地层压力（左）及含气饱和度（右）分布图

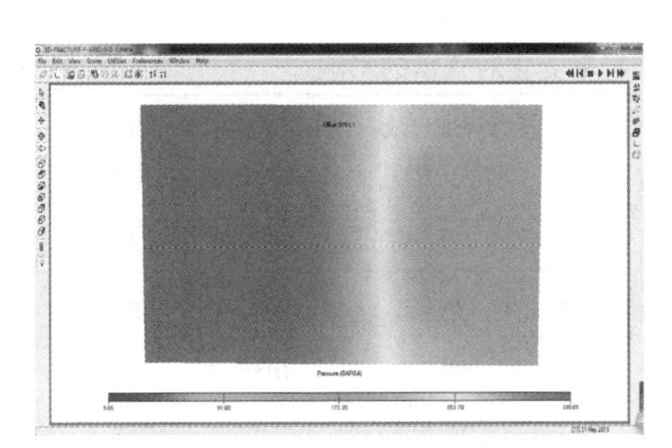
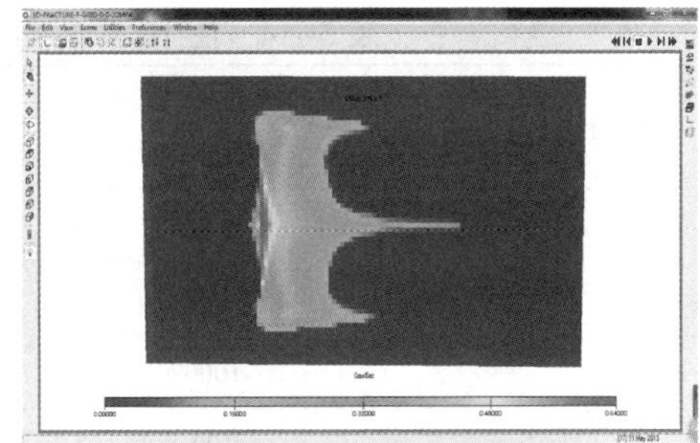

图 5-33　2019 年 5 月地层压力（左）及含气饱和度（右）分布图

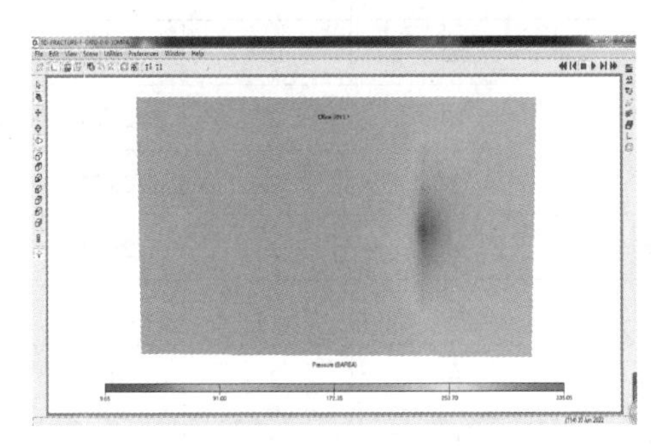
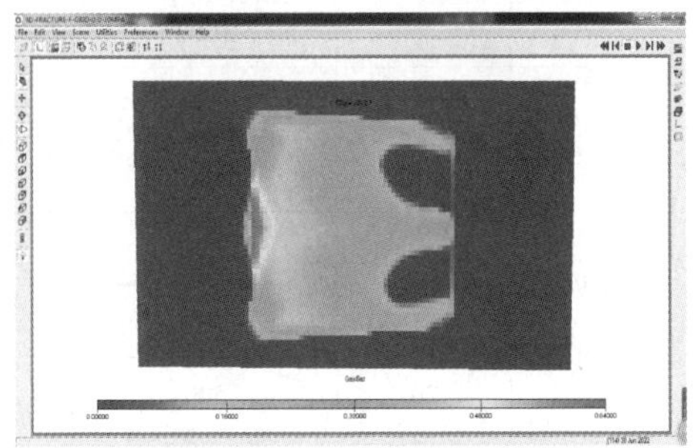

图 5-34　2022 年 6 月地层压力（左）及含气饱和度（右）分布图

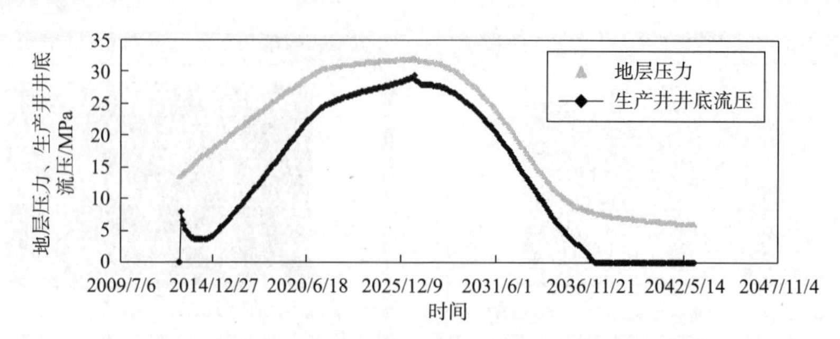

图 5-35 注 5 采 2 地层压力及生产井井底流压变化图

（2）裂缝传导率（渗透率）对气窜的影响。

裂缝性储层对储层应力敏感性强，随着注气量的增加、储层应力相应增加，裂缝的孔隙度和渗透率均有所下降，且渗透率的下降程度高于孔隙度。也就是说，裂缝的渗透率比其孔隙度敏感性更强（王珂，2014）。因此在地层压力研究基础上，选取地层压力为 6MPa 和 20MPa 为研究对象，保持地质模型中基质渗透率不变，改变裂缝渗透率的大小，设计不同方案（见表 5-14 及表 5-15），对比不同注气量下裂缝渗透率对气窜的影响。因为所选取的裂缝组合均不需要网格加密，因此裂缝网格的渗透率的变化即可体现传导率的变化。

表 5-14 注 10 采 5 裂缝传导率变化对气窜的影响

裂缝组合	压力 /MPa	渗透率 /$10^{-3}\mu m^2$ 传导率	见气时间 / 月	运移通道形成时间 / 月	初步气窜时间 / 月	最终采出程度 /%
0–0	6	100	27	67	103	45.50
		500	26	39	104	47.87
		1000	31	38	103	49.51
	20	100	33	75	109	45.91
		500	39	61	103	46.98
		1000	34	52	107	48.00
90–90	6	100	10	10	20	27.64
		500	8	8	22	28.21
		1000	8	8	23	28.41
	20	100	5	10	13	28.32
		500	6	9	27	28.88
		1000	6	8	27	29.15

表 5–15 注 5 采 5 裂缝传导率变化对气窜的影响

裂缝组合	压力 /MPa	渗透率 / $\times 10^{-3}\mu m^2$ 传导率	见气时间 / 月	运移通道形成时间 / 月	初步气窜时间 / 月	最终采出程度 /%
0–0	6	100	25	102	102	38.77
		500	30	77	77	38.48
		1000	6	58	68	39.51
	20	100	62	106	106	38.59
		500	42	89	89	40.75
		1000	43	71	71	39.67
90–90	6	100	19	19	19	22.16
		500	16	16	16	23.60
		1000	6	6	12	23.61
	20	100	14	14	16	23.01
		500	4	13	20	24.37
		1000	5	12	21	24.70

由表 5–14 及表 5–15 可见，大注气量（注 10 采 5）开发气窜时间整体来说晚于小注气量（注 5 采 5）的，且大注气量开采随着裂缝传导率及地层压力的变化，气窜时间变化幅度甚微，采出程度随着渗透率的增加而增加。这主要是因为当注气量较大时，地层压力迅速升高至混相压力以上，气驱前缘一直保持混相，气体黏性指进作用减弱，因此较小注气量时的气窜时间晚；也正是因为注气量大、压力升高快、气驱前缘快速混相，所以气窜时间相差不大。反之，小注气量时为非混相驱，裂缝渗透率越大，储层非均质性越强，气窜越早。

综上所述，超低储层气窜最主要的控制因素是黏性指进（油气混相），非均质性（裂缝传导率）次之。因此，该类储层延缓气窜的方法主要要从减少黏性指进入手，也就是说尽量控制好地层压力保持水平，实现混相驱替。

3）注采部位分布对 CO_2 驱油气窜的影响

本次研究裂缝设计为垂直缝，考虑到注入气体与原油的重力分异作用，特别研究了注采对应部位对气窜时间的影响。采取 3750m³ 和 1265m³ 两个注气量，在 0–0、90–90 裂缝组合方式下比较上注上采、上注下采、下注上采及下注下采 4 种注采分布部位的气窜时间，模拟结果见表 5–16 及表 5–17、图 5–36 及图 5–37。

表 5–16 四种注采对应部位气窜时间表（1265m³）

裂缝组合	注采部位	见气时间	运移通道形成时间	初步气窜时间	采收率 /%
0–0	上注上采	2017.1	2021.4	2021.4	36.52
	上注下采	2017.1	2021.4	2021.4	36.56
	下注上采	2017.5	2022.7	2022.7	37.71
	下注下采	2017.4	2022.7	2022.7	37.77

续表

裂缝组合	注采部位	见气时间	运移通道形成时间	初步气窜时间	采收率 /%
90–90	上注上采	2014.6	2014.6	2014.6	21.86
	上注下采	2014.6	2014.6	2014.6	21.92
	下注上采	2014.7	2014.7	2014.7	21.77
	下注下采	2014.7	2014.7	2014.7	21.82

表 5–17 4 种注采分布部位气窜时间表（3750m³）

裂缝组合	注采部位	见气时间	运移通道形成时间	初步气窜时间	采收率 /%
0–0	上注上采	2015.1	2019.4	2021.11	45.14
	上注下采	2015.1	2019.5	2022.1	45.30
	下注上采	2014.12	2019.8	2022.11	45.80
	下注下采	2014.12	2019.7	2022.11	45.84
90–90	上注上采	2013.7	2013.9	2014.7	27.92
	上注下采	2013.7	2013.9	2014.5	27.96
	下注上采	2013.7	2013.9	2014.4	27.96
	下注下采	2013.7	2013.9	2014.4	27.98

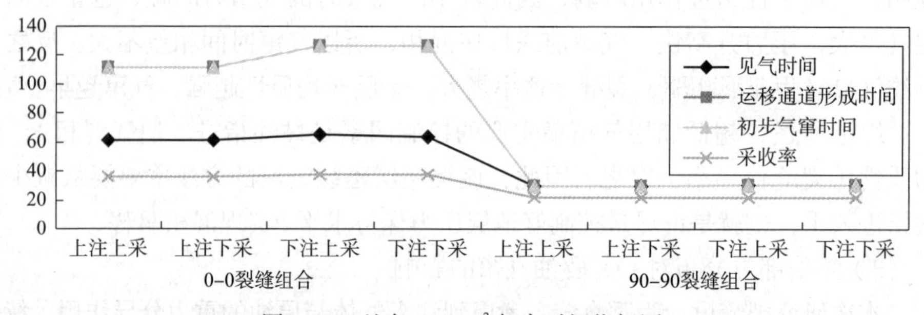

图 5–36 注气 1265m³ 气窜时间指标图

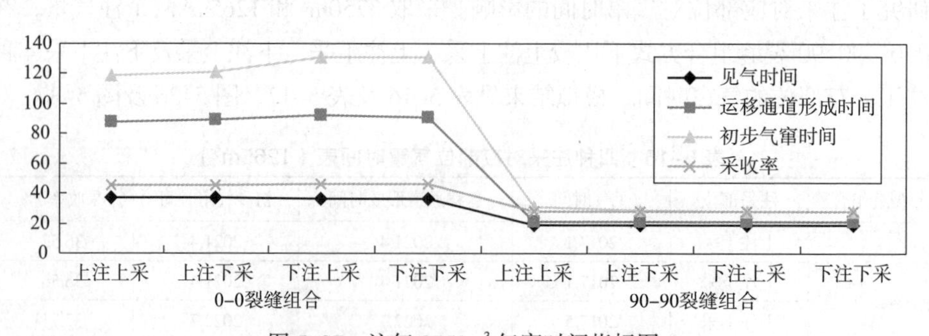

图 5–37 注气 3750m³ 气窜时间指标图

分析可知，无论注气量多少，均是下部位注气、上部位采油的开采方式较上部位注气、下部位采油的开采方式气窜时间晚，采出程度高。这主要是因为注入气与原油存在重力分异作用，总是优先沿着垂向裂缝向油层顶部运移，由注气井顶部向生产井驱进；其次是由注气井通过基质渗透率在重力分异及注气作用下向生产井驱进。无论哪个驱替过程，都是下注的开采方式使得注入气与原油作用范围最多、时间最长、气窜时间最晚。由于油层厚度较薄，所以下注上采与下注下采的气窜时间差别不大。特别地，大注气量时气窜时间较小注气量的晚，原因在于大注气量时地层压力高、油气混相，所以进一步说明了油气混相能够延缓气窜（见图 5-38 及见图 5-39）可知，大注气量油气混相使得气顶驱的作用小，气驱范围内含油饱和度低、气窜晚。

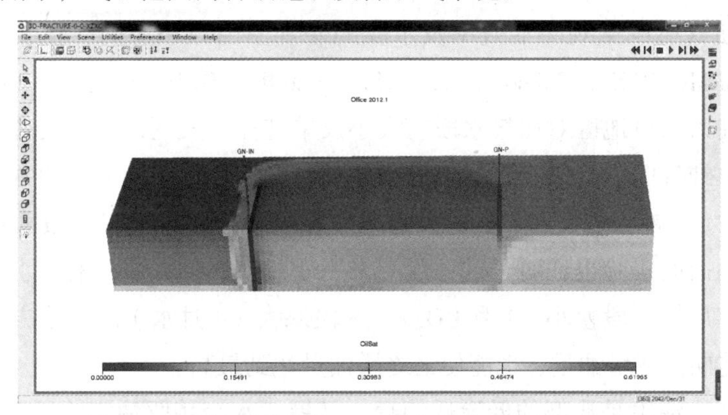

图 5-38 下注下采注气 1265m^3 气驱结束含油饱和度图

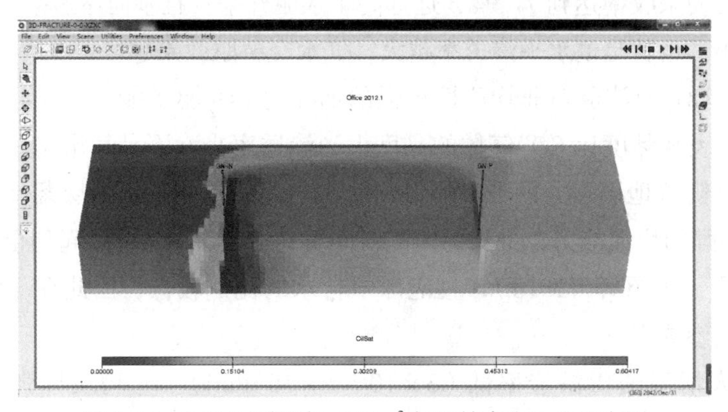

图 5-39 下注下采注气 3750m^3 气驱结束含油饱和度图

5.1.5 CO_2 驱油延缓气窜方法

世界上针对注气开采的气窜问题践行了诸多研究，总结了很多行之有效的延缓气窜的办法，结合本文前面的机理性研究，从气水交替、泡沫、凝胶、沉淀、注气工艺等几方面进行气窜延缓方法叙述。

1）加段塞剂延缓气体黏性指进

首先，相对于单纯注气而言，加入水段塞后可以明显延缓气窜，增加采收率。针对气水交替驱延缓气窜的成功实例统计显示，该法可在原油驱替方式的技术上提高原油采收率 5%~10%，很多学者利用数值模拟手段也对该数据进行了验证。这主要是由于注入气体段塞时，CO_2 与原油作用，动用了注水驱替后小孔隙中的以薄膜等状态存在于岩石表面的残余油，微观驱油效率增加；注入水段塞时，水相能控制气相流动速度，使得驱替前缘更加稳定，提高波及体积。简言之，气水交替驱不仅克服了单纯驱替时的窜流问题，抑制了重力分异作用，还使气驱的微观驱油效率及水驱的宏观驱油效率协同合作、相得益彰（Kulkarni M M，2005；Zahoor M K，2011；Lao R，2014；王建波，2016）。

延长油田川口地区对比气水段塞大小及单纯注气发现，气水交替驱替效果远远优于单纯气驱，且段塞越小，最终效果越显著，尽管前期增油并不明显。叶恒（2002）、钟张起（2012）等发现气水交替驱过程中的最佳段塞比是变化的，延长油田的实验也证明了这一点。采用变段塞比的方法，前期水段塞短、气段塞大，后期气段塞小（1 月 CO_2）、水段塞大（2 月水）的开采方式。该方式既能在前期保证增油量，也能使最终增油量达到最高。

延长靖边油田是典型的低渗透油藏，开展气水交替驱油实验发现，CO_2 气水交替驱可使采收率达到 77.3%，远远高于水驱开采；且垂向渗透率 / 水平渗透率比值越小，也就是说水平渗透率越大，气水交替驱效果越好。

另外，CO_2 泡沫驱对非均质性较强的油藏比 CO_2 驱更能提高采收率。因为 CO_2 泡沫的表观黏度比 CO_2 气体的黏度大、渗透率小、不易气窜。一般地，泡沫的稳定性随着地层压力的升高而升高，却与温度负相关。地层条件下超临界 CO_2 具有超强的稳泡能力，最长的稳泡时间可达 3144min，可以起到很好的封堵气窜的作用（张绍辉，2016），且泡沫中含水的比例较低，因此在一定程度上减小了水相渗透率。

吉林大情字油田渗透率低（3×10^{-3}~$5\times10^{-3}\mu m^2$）、非均质性强、裂缝发育，对比水驱、CO_2 驱及 CO_2 泡沫驱 3 种驱替方式发现，CO_2 泡沫驱气窜最晚、采出程度最高。在泡沫驱过程中，泡沫改善了油水流度比，遇水稳定、遇油破灭的特性使其兼具封堵性能，大大延缓了气窜的时间。

腰英台油田研究表明，裂缝中 CO_2 泡沫的阻力因子随着注气量的增加呈凸形增长（见图 5-40）。阻力越大，注入压力就越大，因此生产压差就越大。延长图中曲线可以发现，该曲线不经过原点，也就是说裂缝中 CO_2 泡沫存在启动压力。该启动压力就是气驱最开始阶段的阻力，可以减小气窜的发生概率。

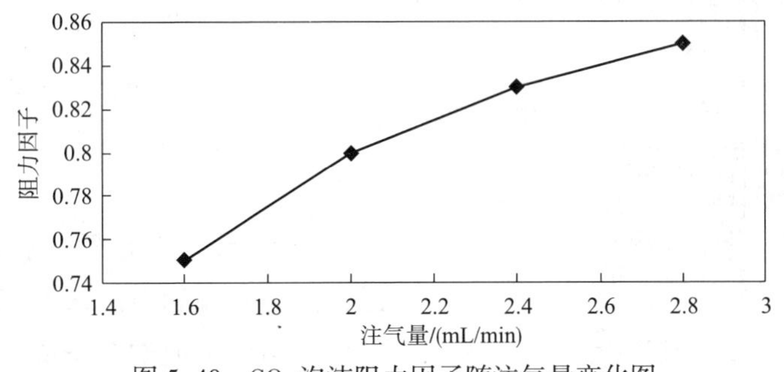

图 5-40 CO_2 泡沫阻力因子随注气量变化图

2）加聚合物凝胶防气窜

针对高深层或者当注气速率过快时，泡沫驱延缓气窜的作用明显低于低渗层，此时就会选择添加聚合物凝胶体系或者沉淀类堵剂进行气窜封堵。Wassmuth（2005）认为，针对裂缝性油藏，聚合物凝胶比泡沫驱或者泡沫凝胶更具适用性。

超低渗储层一般伴有裂缝发育，王维波等人考虑到上述问题，选择“改性淀粉凝胶 + 乙二胺”做两级封堵裂缝的实验。发现改性淀粉凝胶封堵性能强，能够在横向上降低裂缝导流能力，乙二胺能与 CO_2 反应生成沉淀性盐，纵向上调节气驱剖面。二者结合能够有效延缓注入气沿高深层或者裂缝的窜逸程度。

延长油田靖边油区针对注 CO_2 气窜的问题开展室内实验研究发现（张磊，2013 年），采用异丙胺封堵剂封堵气窜效果良好。注入封堵剂后，渗透率降低了 86%，封堵剂残余阻力系数为 6.92，大大提高了见气及气窜时间，见图 5-41，这也说明生产压差越小，气窜越晚。

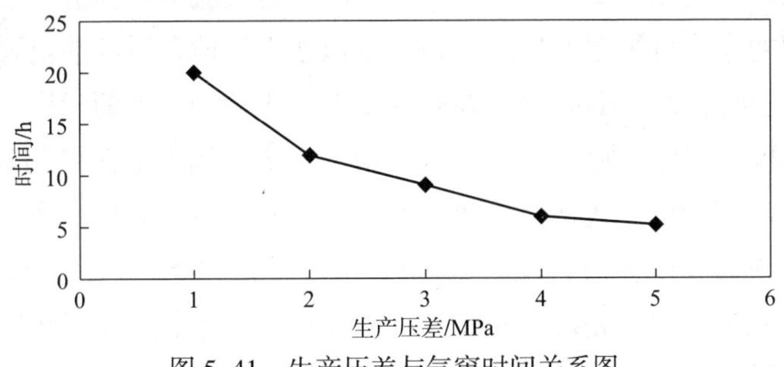

图 5-41 生产压差与气窜时间关系图

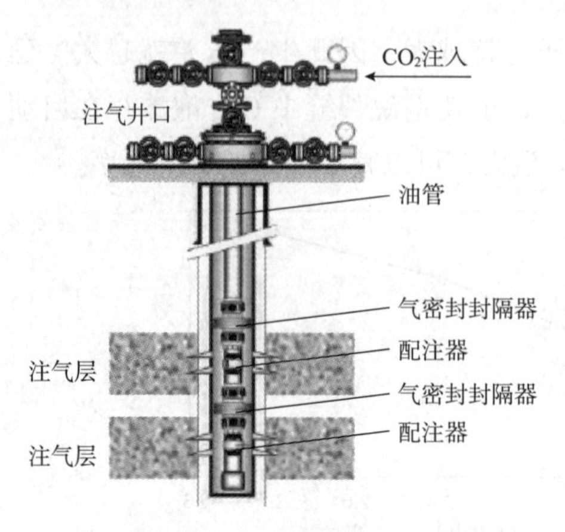

图 5–42 分层注气工艺

3）改善注气工艺

针对非均质性较强的油藏，笼统注气因储层多次沉积成型，层间非均质性显著，更容易发生气窜。因此应该采用分层注气开采，如图 5–42 所示，减小气窜发生的概率，减少气体窜逸造成的损失。

CS 油藏注 CO_2 开发后期发生气窜后，研究发现剩余油基本都集中在油层底部。因此采取细分层位、调整注采对应位置，有效减少了储层非均质性的干扰，减缓了气窜，提高了采出程度。

4）裂缝注气

邹吉瑞（2016）针对低渗透油藏裂缝发育注气易气窜问题大胆尝试，将裂缝作为注气通道，于裂缝两端布井采油，有效地消除了气窜带来的不利影响，采出程度提高了近 18 个百分点。这主要是因为在气体的扩散作用及生产压差的作用下，气体从裂缝进入基质，注气速度越小，气体进入基质的波及面积越大，气窜越晚。裂缝注气两侧开采的采油方式因为有多个生产井，所以离注气端近的井会较早气窜，此时选择关闭气窜井，增加气体到临井的波及面积，减小气窜，增加采出程度。

5.2 研究区 CO_2 驱油提高采收率数值模拟研究

5.2.1 研究区地质建模

三维地质建模技术是利用计算机的手段将地层流体、构造、沉积相等信息在三维空间的变化可视化地呈现出来，是地球空间信息科学的重要组成部分。早在 20 世纪 80 年代，Haldorsen 在总结了储层表征中存在的问题之后就提出了三维地质建模的理论，随后 Henrique 等指出了随机建模中存在很多问题，易受主观因素的影响。90 年代初期，加拿大 Simon W. Houlding 明确了三维地质建模的概念。进入 21 世纪，储层建模知识越来越丰富完善，建模方法层出不穷，Andrew Hurst 指出必须在富砂的深水碎屑岩地质模型中加入席状砂，才能准确地描述该体系。Mail 等针对近现代沉积不能准确描述沉积 – 侵蚀的保存问题，建议开展古代相似体的研究，通过加强露头的详细描述，应用三维、四维地震数据、压力测试数据等及时修改三维地质模型。裘亦楠对我国砂体三维网格化储层概念模型的设计对非均质储层研究工作具有历史性意义。

对储层准确的空间属性及构造表征是数值模拟的基础，地质模型的准确性直接决定了后期数值模拟结果的可靠性。因此本次研究利用 Petrel 软件根据前面的分层数据首先建立了研究区的构造模型；再根据沉积特征及泥质含量建立相模型；最后根据测井曲线及相控方法建立属性模型，包括孔隙度、渗透率、净毛比等，为后期数值模拟做准备。

1）储层构造模型的建立

经分析研究区断层不发育，所以利用地质分层数据就可以建立该区长 4+5 储层各小层的顶面层面模型和底面层面模型，这样就将长 4+5 储层分为 3 个砂层：以长 $4+5_1$ 顶面为顶面、长 $4+5_2^1$ 顶面为底面的长 $4+5_1$ 砂层，以长 $4+5_2^1$ 顶面为顶面、长 $4+5_2^2$ 顶面为底面的长 $4+5_2^1$ 砂层，以长 $4+5_2^2$ 顶面为顶面、长 6 顶面为底面的长 $4+5_2^2$ 砂层，如图 5-43 所示。由于选取的井密度大小不一，因此对于控制点较少的区域，要根据层面主体趋势进行调整。小层生成之后还要利用“make layering”模块进行层细剖分，将 3 个小层按需求细分，最后形成网格几何模型，如图 5-44 所示。

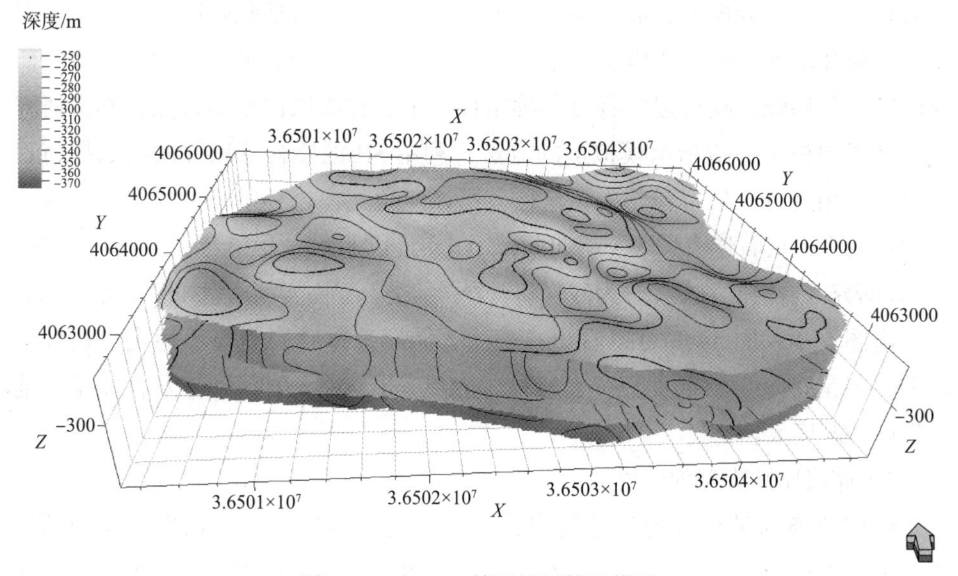

图 5-43　长 4+5 储层层面构造模型

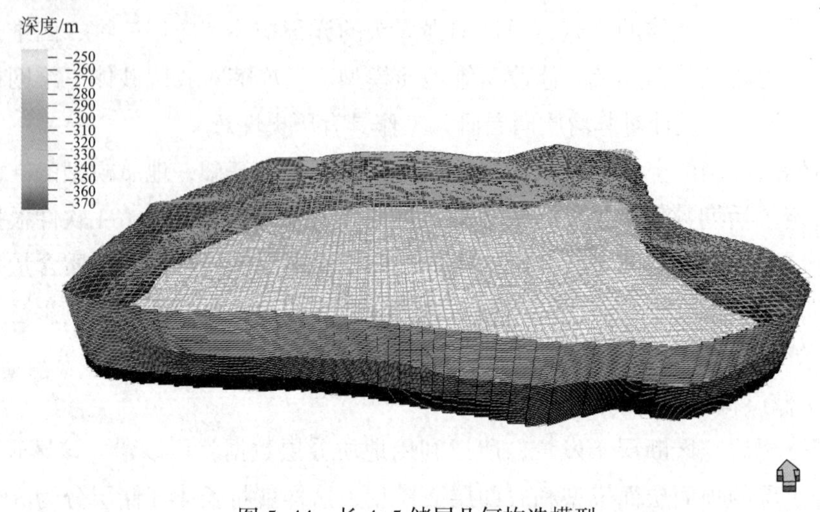

图 5-44 长 4+5 储层几何构造模型

图 5-44 显示，长 4+5 储层构造平缓，东高西低，符合区域整体构造特征，所以该构造模型及分层方法真实可靠。

2）储层岩相模型的建立

岩相是指成岩过程中岩石组分组合在沉积环境中的体现，是评价储层好坏的重要因素之一。储层模型基本可分为离散与连续两大类，其中离散模型包括岩相模型、裂缝模型、流动单元模型等；连续模型包括孔隙度模型、渗透率模型、饱和度模型等。相模型的建立方法主要有确定法和随机法两种，鉴于研究区非均质性强、随机建模具有不确定性、更适合离散模型的特点，本次研究选取随机建模（序贯指示模拟）的方法，利用 SH 泥质含量测井曲线数据将目的层段岩相进行简化解释归类，这样就可以避免建模过程中相种类过多造成相对比例太少，从而建模失败（胡向阳，2001 年；吴胜和，2010 年；刘振峰，2014 年）。研究区岩相模型主要分为砂岩和泥岩两大类，建立岩相模型如图5-45所示。

由图 5-46~ 图 5-48 可以看出，长 4+5 储层整体砂岩分布不稳定、连续性较差，但是每个小层都发育一套砂体，尤其是长 $4+5_2^2$ 下部砂体发育完整、连片性好、厚度大。

3）储层属性模型的建立

储层建模的最终目的就是利用前面建立的构造模型及岩相模型控制的原则，采用内插、外推的算法，最终建立网格化的能代表真实地层三维空间变化的属性模型：孔隙度模型、渗透率模型、净毛比模型等（王威，2013 年）。相控建模过程由于不同的沉积相，除了测井曲线解释的特征，还受实际成岩过程

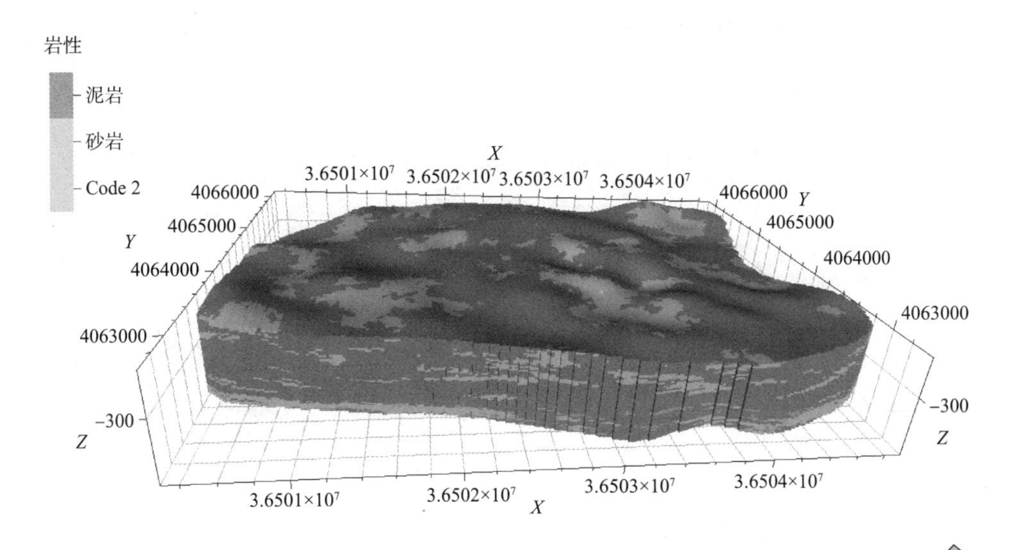

图 5–45　长 4+5 储层岩相模型

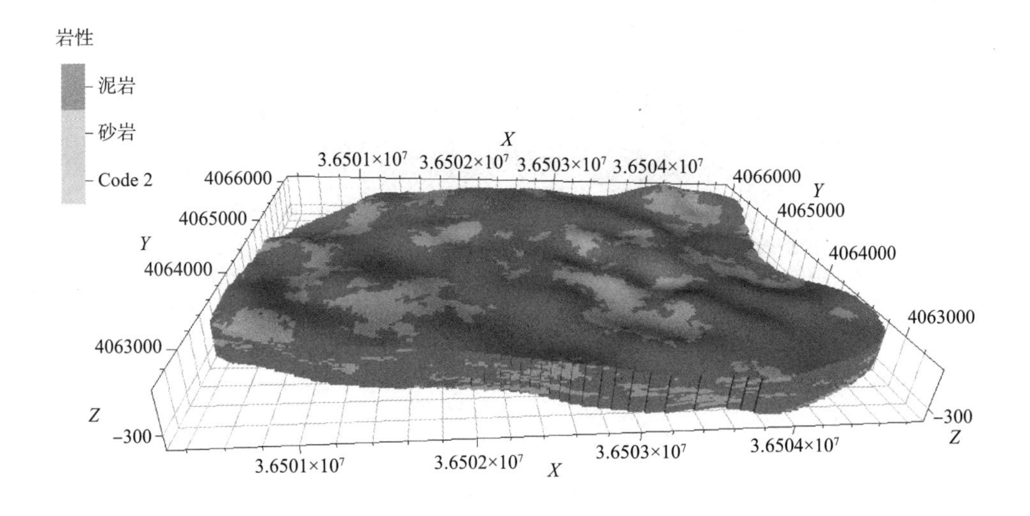

图 5–46　长 4+5_1 储层岩相模型

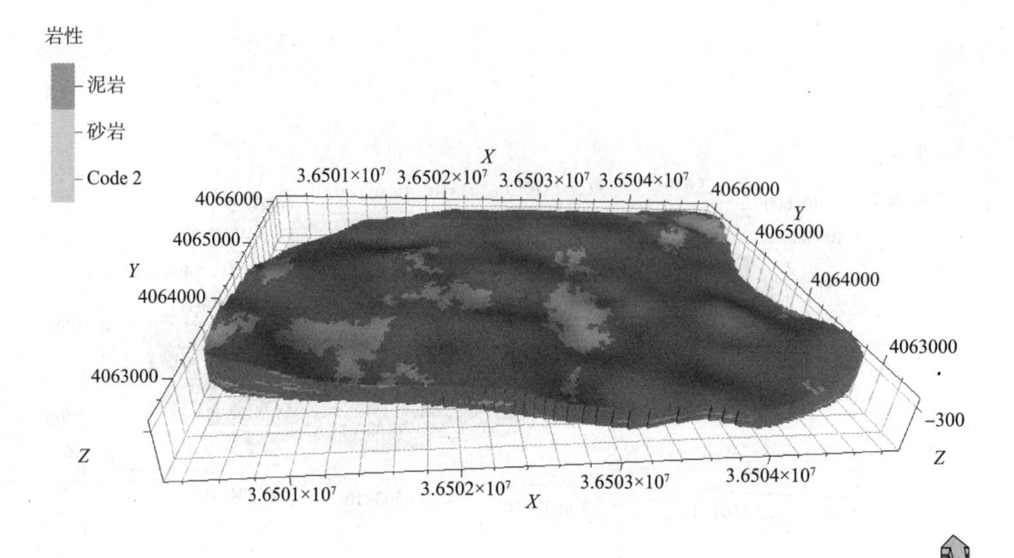

图 5–47　长 $4+5_2^1$ 储层岩相模型

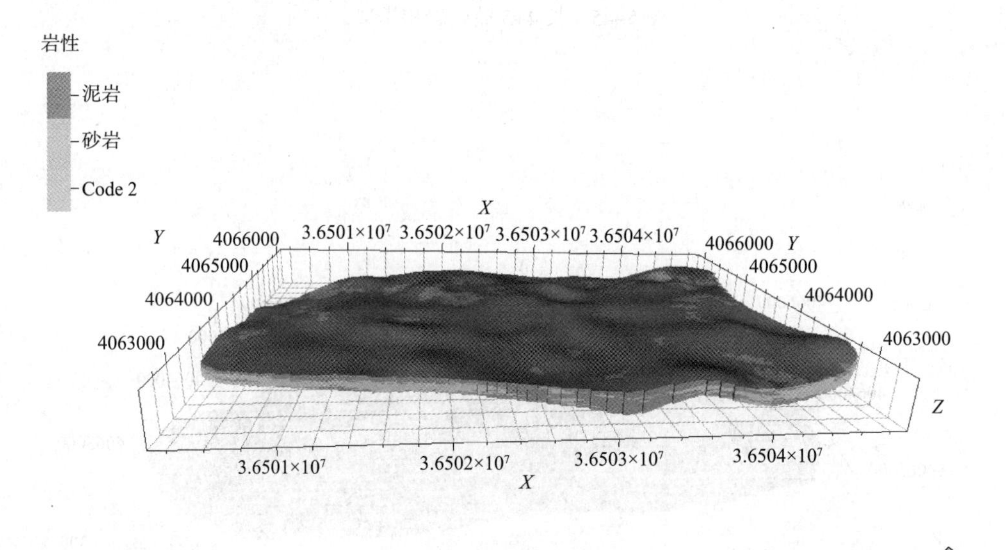

图 5–48　长 $4+5_2^2$ 储层岩相模型

中地质运动各种因素的影响，导致相内部的各向异性，要根据自身的地质知识判断，使建立的模型更能反映真实的储层条件。

本次研究以前面的岩相作为约束条件，采用序贯高斯模拟法建立了研究区的孔隙度模型（见图 5–49），又采用序贯高斯同位模拟法根据孔隙度模型建立了渗透率模型（见图 5–50），这样就避免了因为数据解释不准确带来的渗透率与孔隙度变化趋势不一致的问题。最后根据孔隙度模型和渗透率模型，利用“calculator”模块对储层有效值进行设定，建立净毛比模型（见图 5–51）。

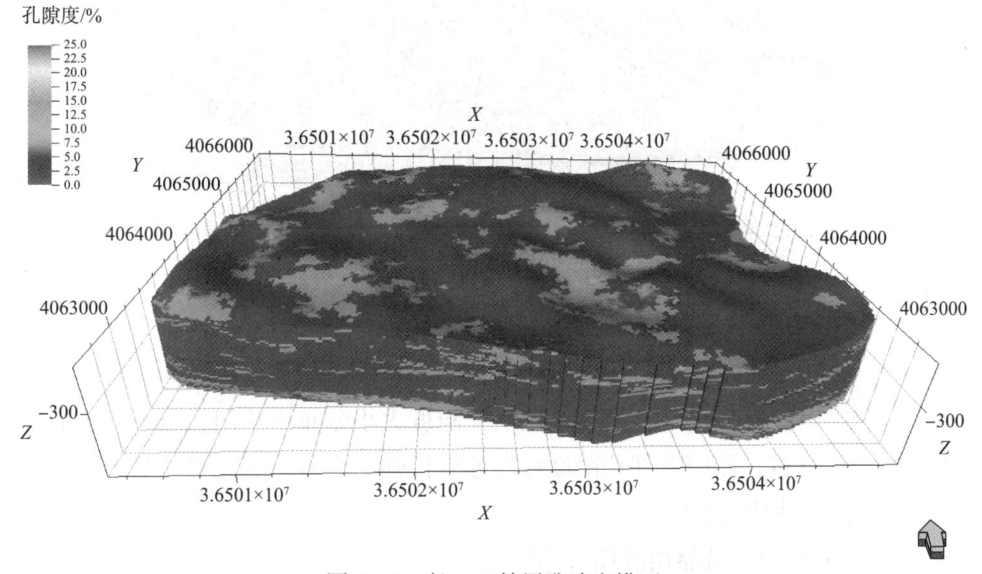

图 5–49　长 4+5 储层孔隙度模型

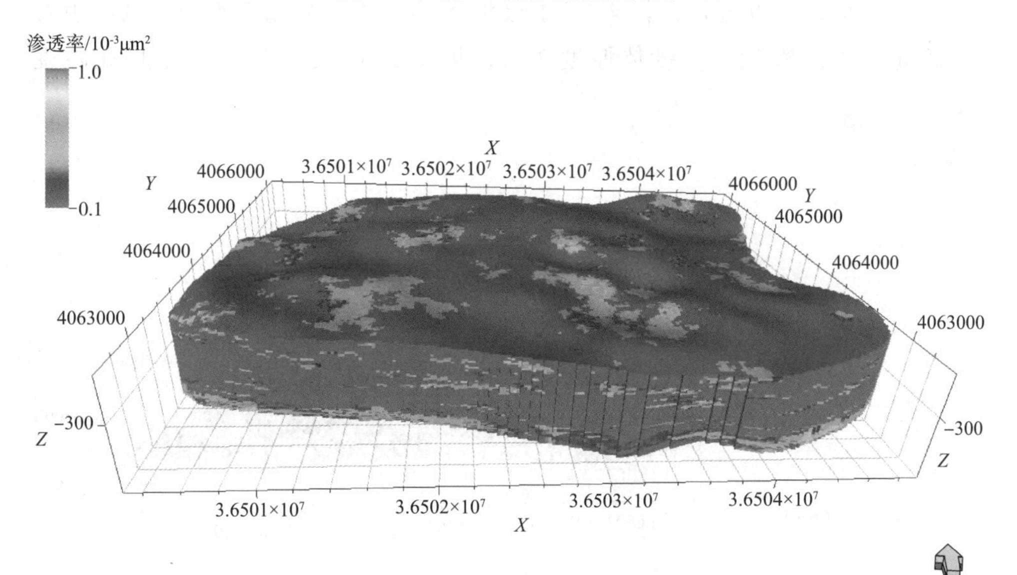

图 5–50　长 4+5 储层渗透率模型

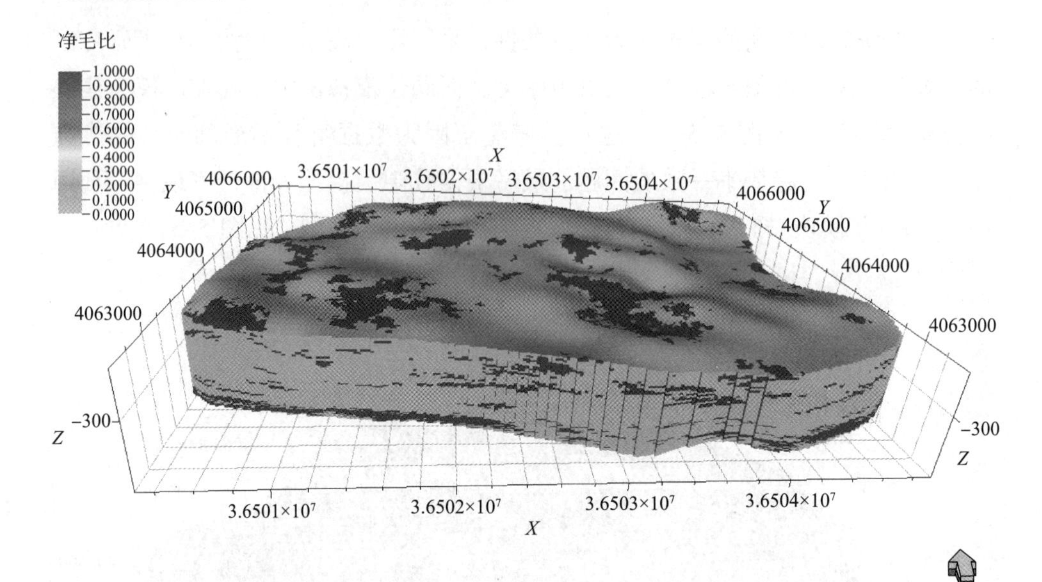

图 5–51　长 4+5 储层净毛比模型

由储层属性模型发现，长 4+5 储层孔隙度大小分布不均匀，呈不连续的片状或条带状分布，储层下部孔隙度分布连续性强。渗透率变化趋势基本与孔隙度一致，储层非均质性强。

4）数值模拟区域储层的模型特征

由前面的分析可知，长 $4+5_2^2$ 小层中下部发育一套完整砂组，该砂组发育稳定，连续性较好，砂体厚度较大，见图 5–52 及图 5–53；平均孔隙度

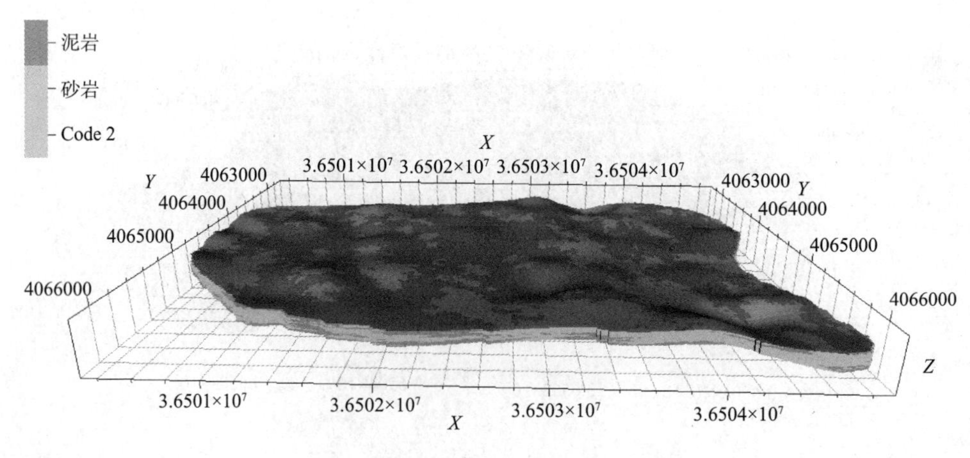

图 5–52　数模区域长 $4+5_2^2$ 储层岩相模型

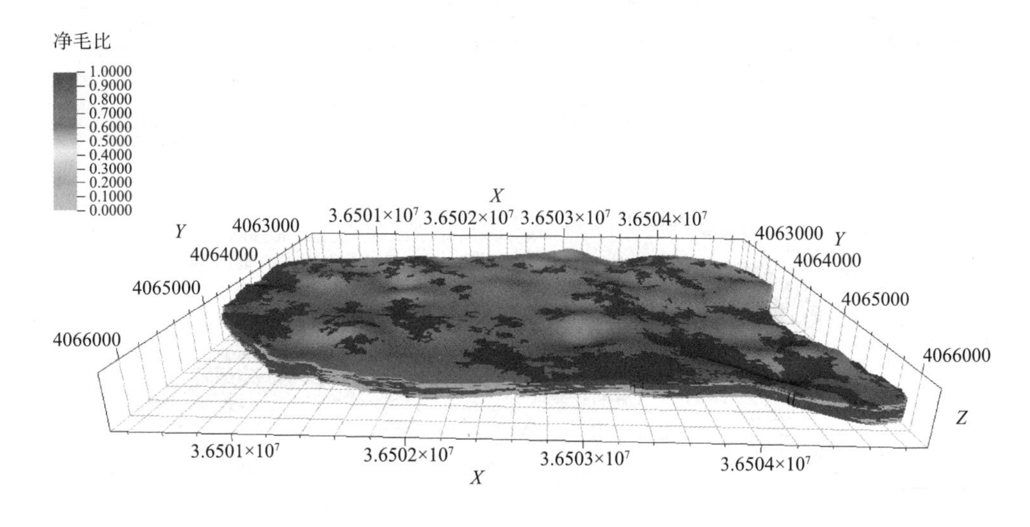

图 5-53 数模区域长 $4+5_2^2$ 储层净毛比模型

（11.25%）及渗透率（$0.36\times10^{-3}\mu m^2$）均为 3 个小层中的最高值，见图 5-54 及图 5-55；砂体钻遇率高，渗透率级差高，非均质性强；且研究区开发井射孔层位多为 $4+5_2^2$ 层，因此将该层作为数值模拟研究注气气窜规律的目的层。

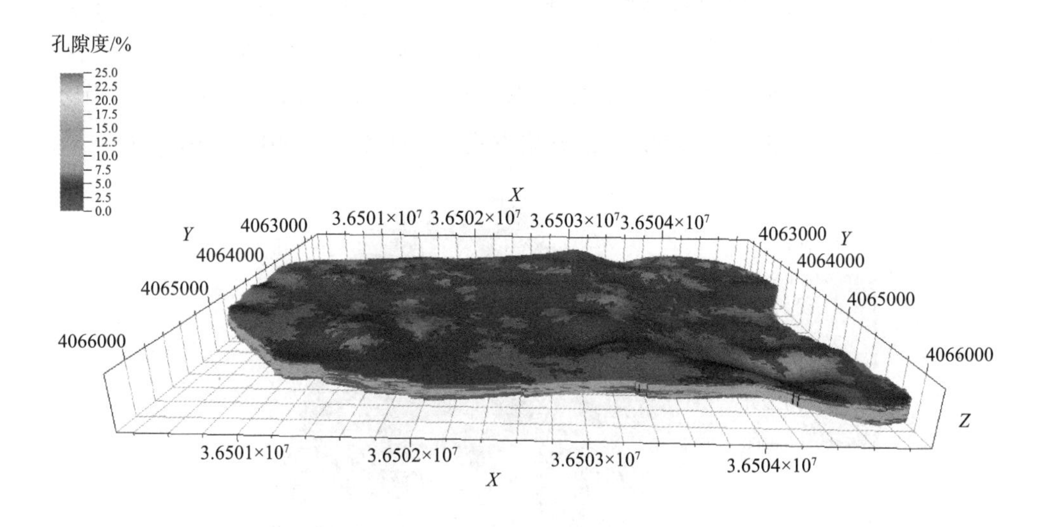

图 5-54 数模区域长 $4+5_2^2$ 储层孔隙度模型

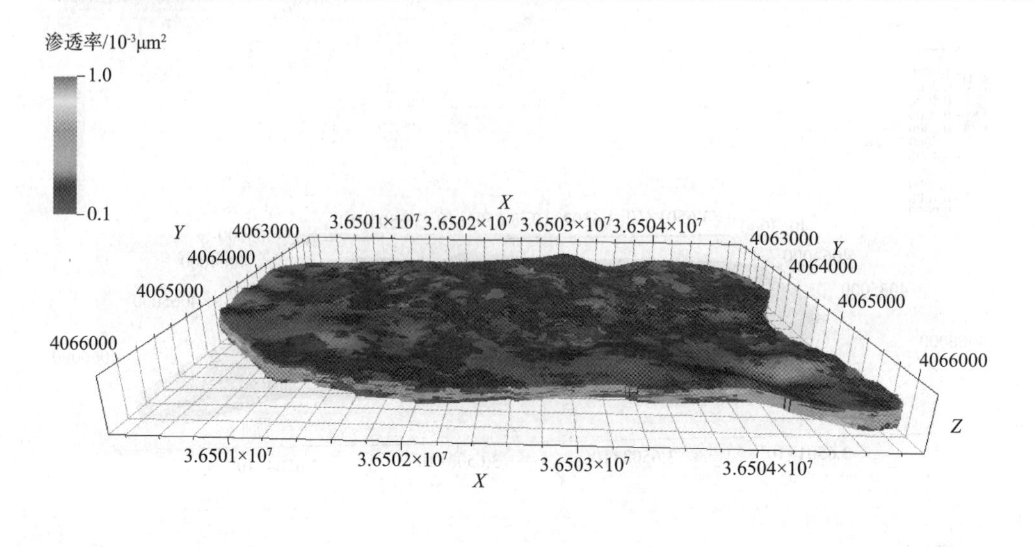

图 5-55　数模区域长 $4+5_2^2$ 储层渗透率模型

5.2.2　研究区历史拟合

利用 petrel 建立的地质模型，采用数值模拟软件 tnavigator，建立了研究区目的层的三维油藏数值模拟模型。该模型沿 X 方向最大为 103 个网格，沿 Y 方向最大为 113 个网格，纵向上分为 20 层，为一不规则图形，如图 5-56 所示。由前面的研究分析可知，本区为超低渗砂岩储层、天然裂缝不发育，生产过程中多采用压裂造缝增加储层局部渗透率的开采方式，因此需在模型中添加压裂缝。

图 5-56　研究区目的层的三维地质模型图

1）添加人工压裂缝

为了明确储层压裂缝的方向，对该区 5 个注水井组进行了示踪剂分析。

38–11 井组中 8 口监测井中有 6 口都见到示踪剂显示，说明注采井间油层连通性较好。38–30 井的示踪剂推进时间较早、速度最快，推进速度达到 26.5m/d；38–18 的示踪剂推进时间最慢，35 天才达到浓度峰值，推进速度为 9.98m/d。说明在该井组注入水沿裂缝通道快速到达采油井，西南方向裂缝发育较好；注入水的推进是不均匀的，沿裂缝方向指进，如图 5–57 所示。6 口示踪剂突破井的波及体积总体来看不是很大，表明井间存在高渗通道，层内非均质性较为严重。

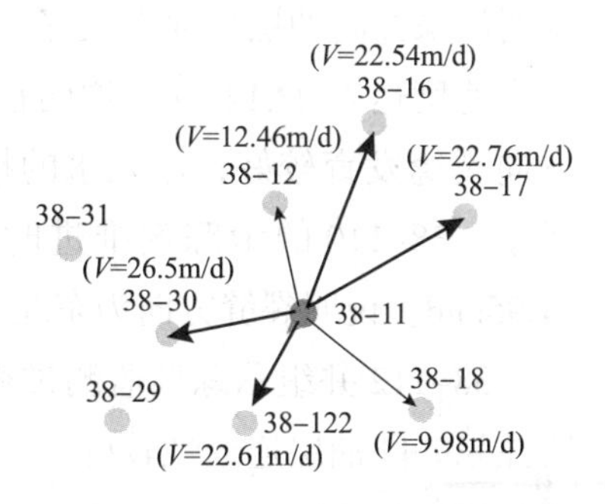

图 5–57　38–11 井组水驱平面流通趋势示意图

38–21 井组示踪剂监测过程中，8 口监测井中有 5 口都见到示踪剂显示，说明注采井间油层连通性较好。38–32 井的示踪剂推进时间较早、速度最快，推进速度达到 19.18m/d；38–21 井组中 38–12 的示踪剂推进时间最慢，29 天才达到浓度峰值，推进速度为 9.68m/d。说明在该井组注入水沿裂缝通道快速到达采油井，西南方向裂缝发育较好；注入水的推进是不均匀的，沿裂缝方向指进，如图 5–58 所示。5 口示踪剂突破井的波及体积总体来看不是很大，表明井间存在高渗通道，层内非均质性较为严重。

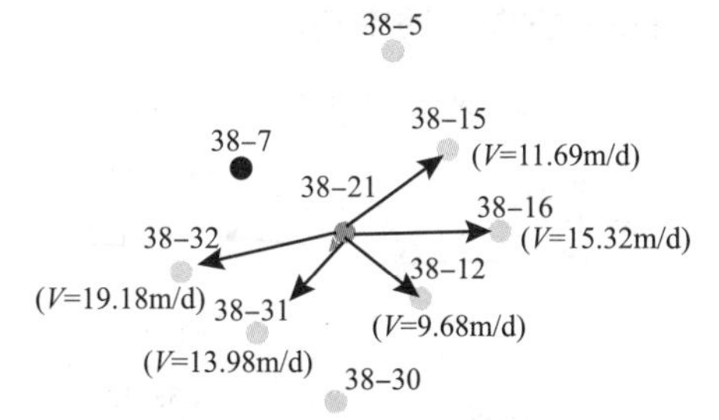

图 5–58　38–21 井组水驱平面流通趋势示意图

38–28 井组示踪剂监测过程中，8 口监测井中有 5 口都见到示踪剂显示，说明注采井间油层连通性较好。38–35 井的示踪剂推进时间较早、速度最快，推进速度达到 14.45m/d，说明在该井组注入水沿裂缝通道快速到达采油井；该方向裂缝发育较好，注入水的推进是不均匀的，沿裂缝方向指进，如图 5–59 所示。38–28 井组中 38–151 的示踪剂推进时间最慢，35 天才达到浓度峰值，推进速度为 9.18m/d。38–23 井由于测压的影响停抽 14

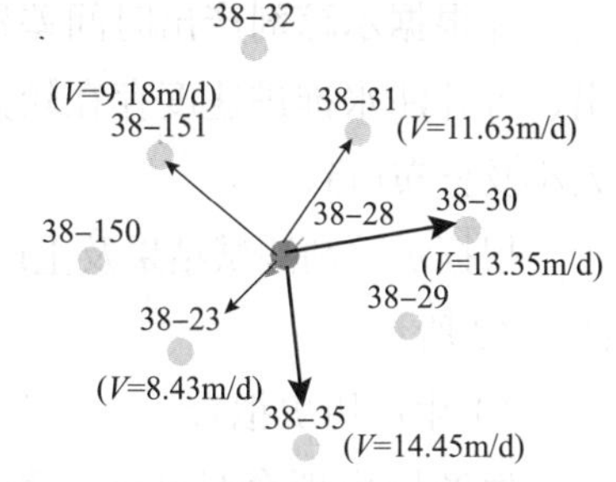

图 5–59　38–28 井组水驱平面流通趋势示意图

天，按照其开抽后的见剂情况，浓度变化较快，在短短的十几天就见到示踪剂的显示，产出浓度偏高，可以判断 35-23 与注水井有明显的连通关系。

38-111 井组示踪剂监测过程中，6 口监测井中有 3 口都见到示踪剂显示，说明注采井间油层连通性较好。38-109 井的示踪剂推进时间较早、速度最快，推进速度达到 23.14m/d，说明在该井组注入水沿裂缝通道快速到达采油井，该方向裂缝发育较好；注入水的推进是不均匀的，沿裂缝方向指进，如图 5-60 所示。38-110 的示踪剂推进时间最慢，35 天才达到浓度峰值，推进速度为 11.95m/d。说明裂缝方向为东北方向，层内非均质性严重。

38-112 井组示踪剂监测过程中，7 口监测井中有 3 口见到示踪剂显示，说明注采井间油层连通性较好。38-123 井的示踪剂推进时间较早、速度最快，推进速度达到 18.38m/d，说明在该井组注入水沿裂缝通道快速到达采油井，该方向裂缝发育较好，注入水的推进是不均匀的，沿裂缝方向指进，如图 5-61 所示。38-35 的示踪剂推进时间最慢，31 天才达到浓度峰值，推进速度为 12.37m/d。3 口示踪剂突破井的波及体积总体来看不是很大，表明井间存在高渗通道，裂缝方向为东北方向，层内非均质性严重，井组正西方向渗透率高。

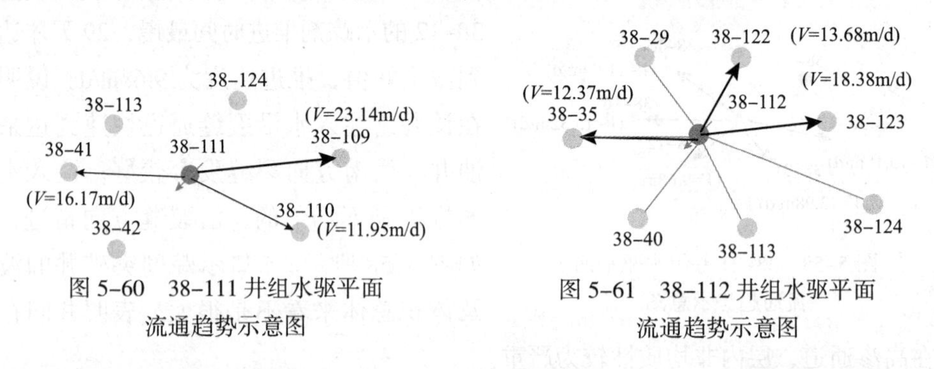

图 5-60 38-111 井组水驱平面流通趋势示意图

图 5-61 38-112 井组水驱平面流通趋势示意图

本次示踪监测，精细描述了注入水流动趋势和油层平面及纵向上非均质情况。并根据示踪剂产出时间差别，得到了井组平面上水驱方向与速度。可以看出，各井注水推进速度存在较大差异，主要是由于油层的非均质性及裂缝发育大小及分布所致。

根据示踪剂测试结果及生产历史数据，对研究区裂缝分布方式进行布置，如图 5-62 所示。

2）生产历史拟合

生产历史拟合是油藏工程数值模拟最重要的环节之一。用数值模拟的方法进行油藏动态模拟描述时，对于前期高压物性、混相压力及长岩心驱替等实

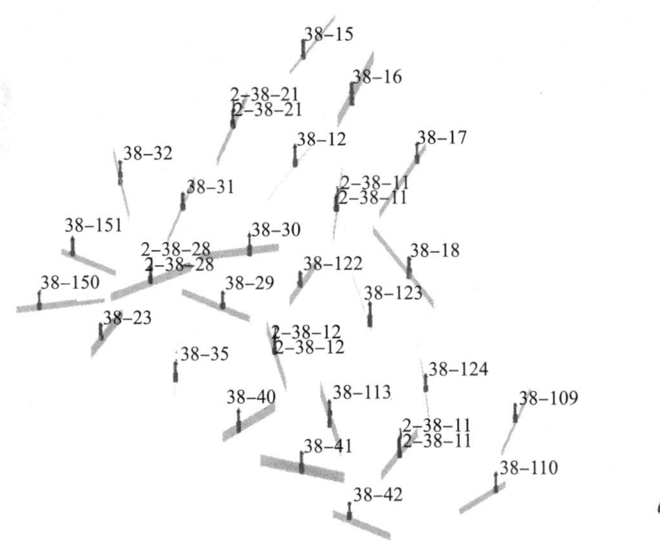

图 5-62 研究区裂缝分布示意图

验的模拟能不能全面真实地反映油藏真实动态，就要通过生产历史拟合来进一步判断。此外，数值模拟的应用主要是用来进行动态预测为生产实践提供参考的，因此只有历史拟合尽可能接近实际情况才能使动态预测的结果更具有说服力。

（1）储量拟合。进行历史拟合的第一步就是储量拟合，只有对地质储量进行准确的拟合才能准确预测生产方案。研究区面积为 3.1 平方公里，根据面积法算得地质储量为 164.35×10^4t，数值模拟该区地质储量为 173.65×10^4t，误差较小，模型真实可信。截至 2016 年 8 月，实际累计产油 25.14×10^4t，采出程度为 15%。

（2）研究区生产动态拟合。在储量拟合的基础上要对全区生产动态进行拟合。本次历史拟合采取定产液量的方法进行历史拟合，在保证产液量一致的情况下尽量使产油量和产水量都与实际数据相符，模拟结果见图 5-63 及图 5-64［图例中（H）代表生产数据值］。显而易见，区块整体历史拟合结果很好。

（3）单井生产动态拟合。在全区生产动态进行拟合较好的基础上也要保证单井的模拟效果，这样才能精确描述油藏动态。本次选出几口单井历史拟合模拟结果见图 5-65~ 图 5-68［图例中（H）代表生产数据值］，可见单井历史拟合结果也相当好。

综上所述，数值模拟所建立的地质模型符合实际油藏动态，能够真实反映油藏条件，用该模型进行生产动态预测结果可靠性强。

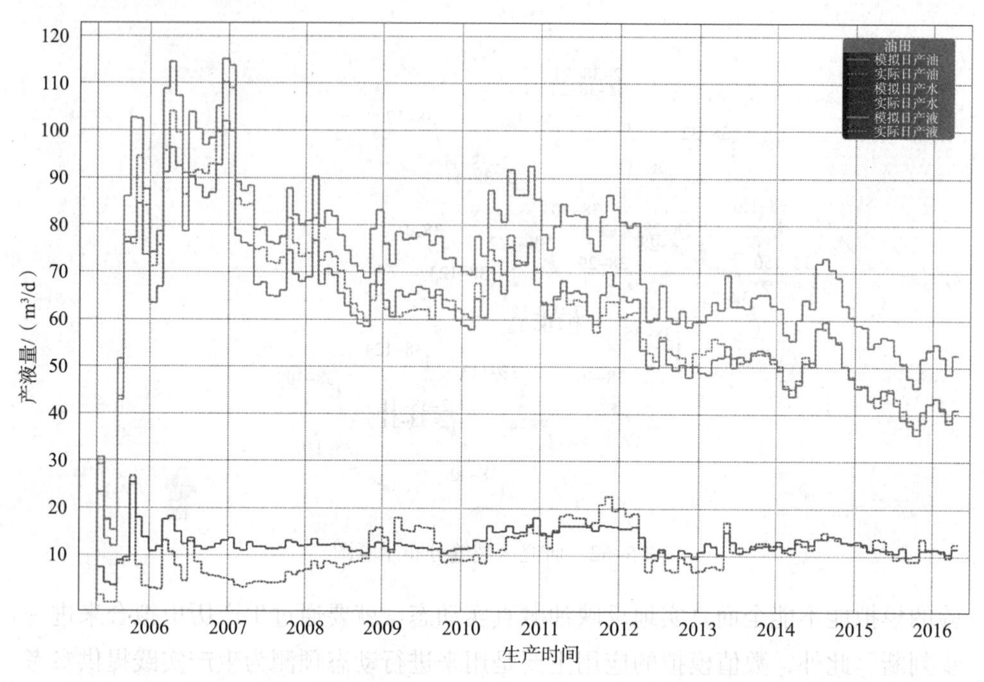

图 5-63 研究区生产实际与数值模拟日产油、日产液、日产水对比图

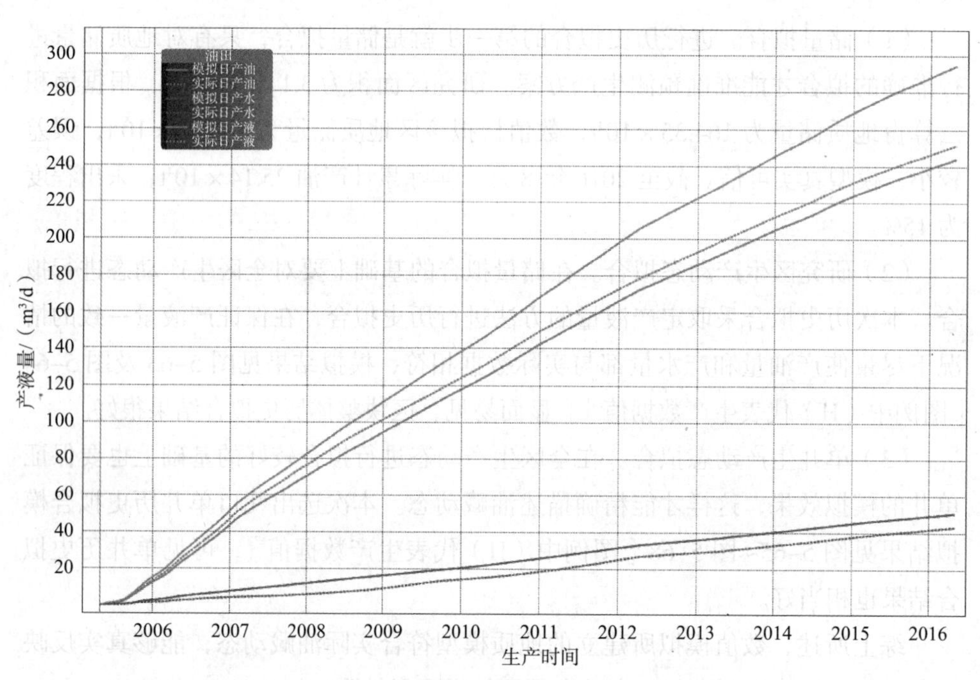

图 5-64 研究区生产实际与数值模拟累计产油、累计产液、累计产水对比图

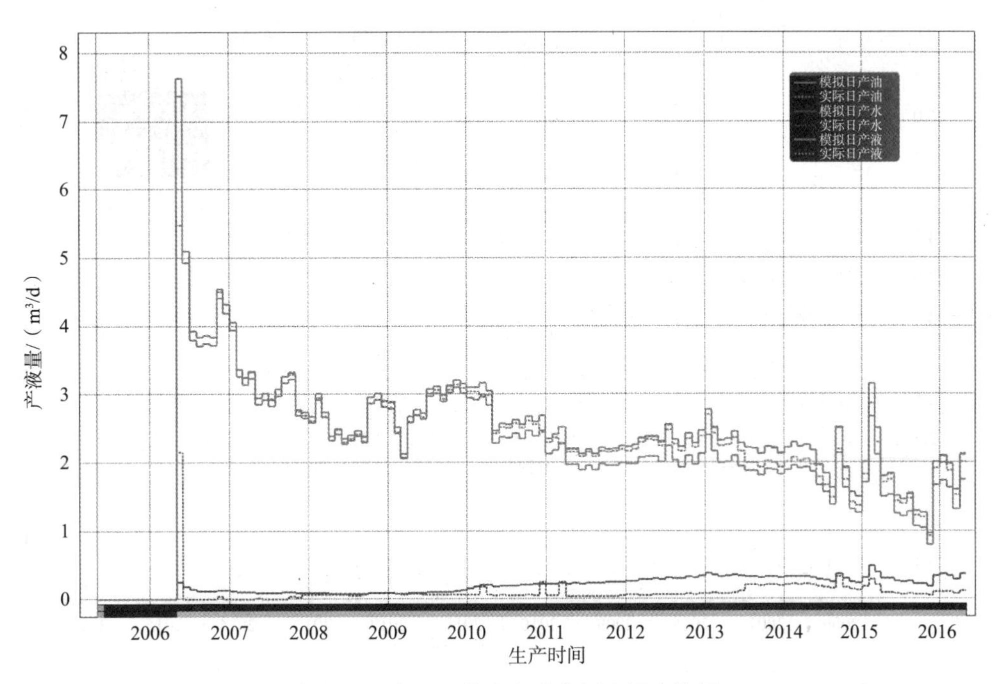

图 5-65　38-122 井生产动态历史拟合结果

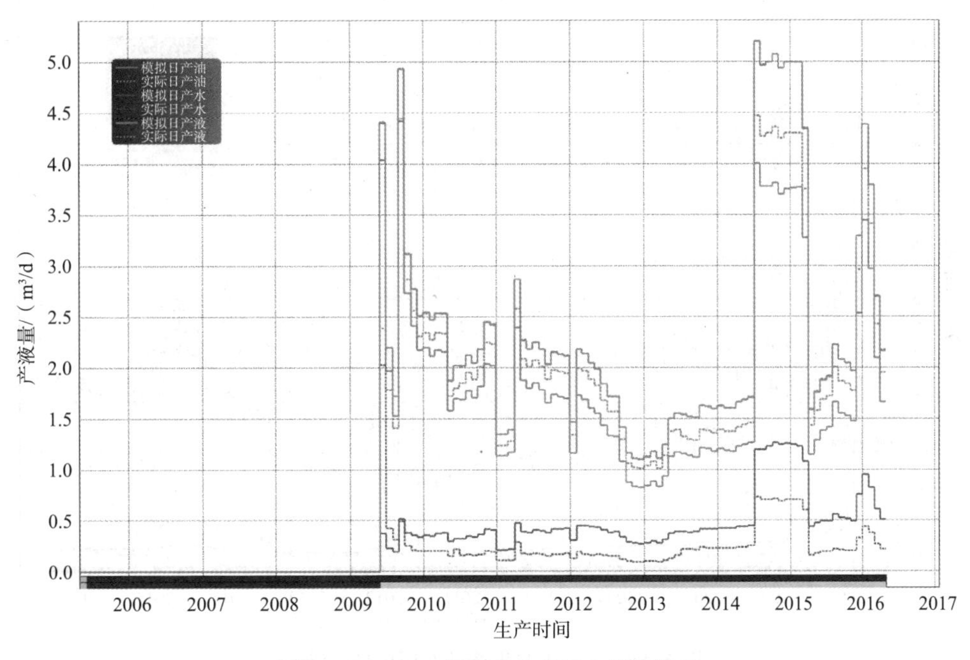

图 5-66　38-15 井生产动态历史拟合结果

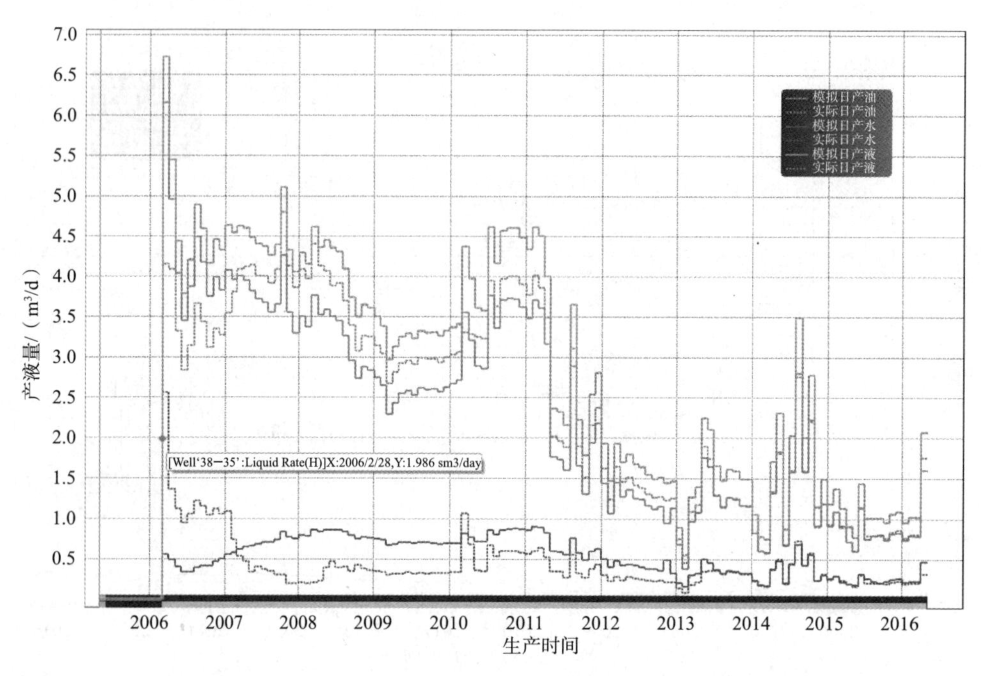

图 5-67　38-35 井生产动态历史拟合结果

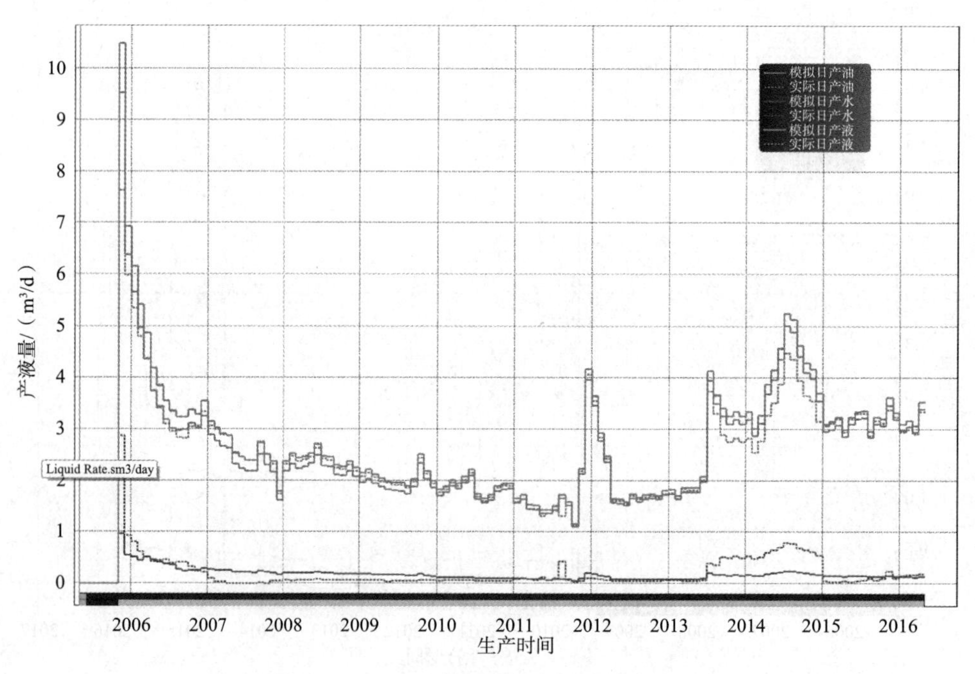

图 5-68　38-41 井生产动态历史拟合结果

5.2.3 不同注气方式气窜规律研究

随着全球 CO_2 排量增加、环境变暖，人们越来越将注意力放在 CO_2 驱油上。CO_2 驱油技术是将 CO_2 以气体或者液体的状态下注入到油层中，使之与原油发生混相或者非混相驱。该技术是 1956 年由沃顿等人提出并应用于实际油藏开发的。CO_2–EOR 技术至今已有 60 多年的历史，国内外 CO_2–EOR 技术已经非常成熟，世界范围上该技术的应用以北美洲为主。国内发展较晚，目前主要在中原油田、胜利油田、江苏油田、新疆油田等地取得了阶段现场试验的胜利，试验对象的储层条件较好，近十几年来才将 CO_2–EOR 技术研究应用于低渗透油藏的开发。

1）研究区 CO_2 驱气窜规律

研究区注采井网基本为一注七采或者一注八采，且前期注水开发效果差、地下亏空量大。因此在调研的基础上，本次研究设定初期单井地面注气速度为 7500m^3/d，初期单井采液速度为 5m^3/d，分析 CO_2 驱气体窜逸规律，生产预测 20 年累计产油 56.55×10^4t。由于实际储层情况不会是均质或者规律变化，因此实际生产过程中很少会出现第三章中提到的三段式气窜或者规律性气窜，所以实际生产中气窜的判别方法及气窜程度不能简单地依靠生产曲线形态来判断。这主要是因为：首先，实验及概念模型一般都采用一注一采的方式进行分析，但是实际生产中为一口注气井多口生产井，因此当井组中一口生产井气窜后，大量的气就会从该井无效采出，减少了其他生产井的受效情况；其次，随着生产的进行尤其是气窜后，气体不能有效地补充地层能量，生产井压力迅速下降，当地层压力小于饱和压力时，原油中溶解的气脱离出来，此时单井产气量增加但是并没有气窜。例如，38–32 井初期产油量平稳，后由于邻井 38–31 井气窜导致该井受效作用减弱、井底流压迅速下降；再后来又受到 38–21 井气驱作用的影响，产油量上升平稳一段时间，此期间产气量不断上升，直至后面产油量下降、产气量一直增加。说明产气量先是原油中溶解气后来是 38–28 井的注入 CO_2 气气窜到 38–32 井（见图 5–69）。因此，不能单独地依靠单井产油量下降、产气量增加来进行真实油藏气窜的判定。本次研究采取结合第四章提出的裂缝油藏气窜判断方法及 CO_2 含量三维分布的方法来进行气窜时间及程度的判断。定义产油量下降、产气量增加到近平稳、油井气相中 CO_2 含量为 5%~25% 时油井见气，含量为 25%~70% 时油井气窜，含量大于 70% 时油井彻底气窜。

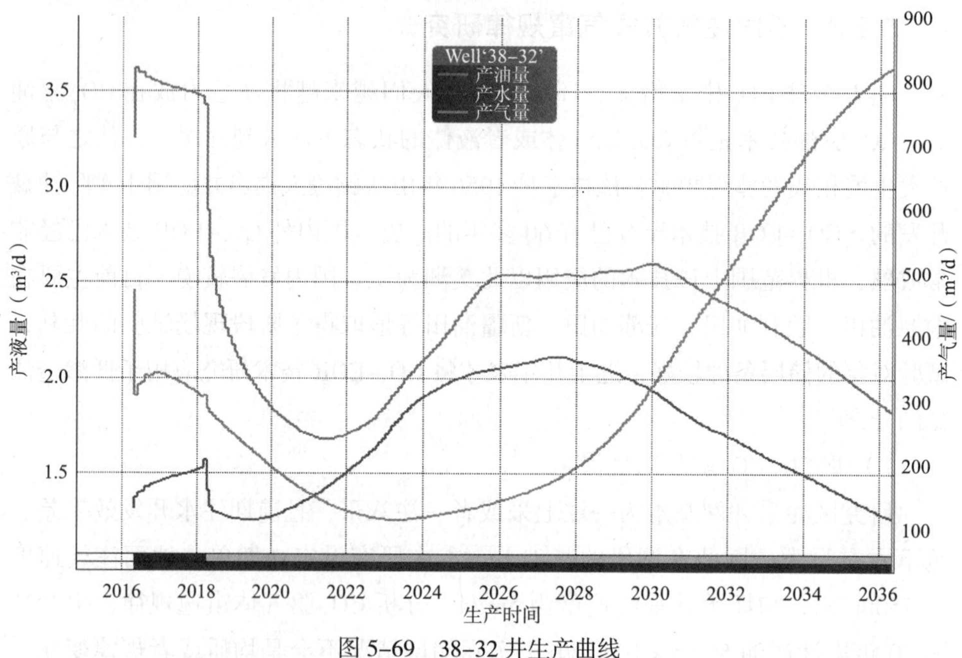

图 5-69 38-32 井生产曲线

由第四章裂缝组合分析可知，两平行裂缝距离越短，注入气越早达到生产井，气窜越早；气驱方向与生产井裂缝方向夹角越小，气窜越早。由图 5-70 可知：38-21 井组里面，采油井 38-31 井的裂缝方向与注气井 38-21 井所组成的一注一采裂缝组合，属于距离较短（与正北方向角度大）的平行缝，且气驱方向与生产井裂缝方向夹角小，气驱控制面积小，因此 38-31 井过早见气。在实

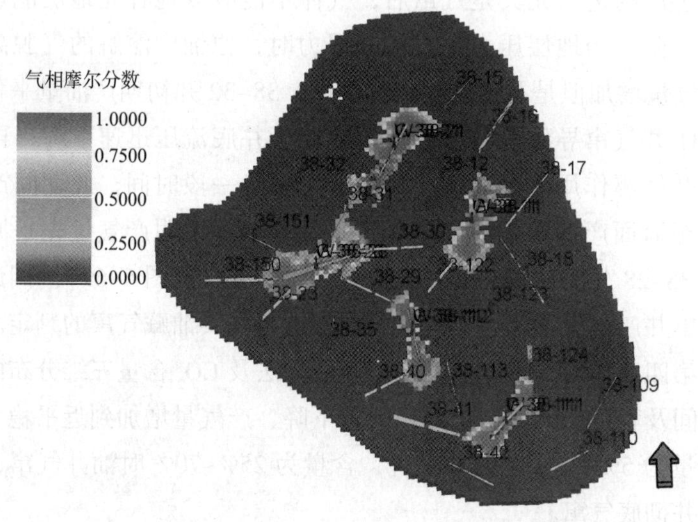

图 5-70 2018 年 5 月气相中 CO_2 的摩尔分数

际生产中，注采井裂缝趾部距离越近，生产井见气越早，如 38–111 井与 38–124 井。在 38–111 井组中，38–124 井裂缝趾部与注气井裂缝趾部距离最近，因此 38–124 井裂缝见气早，较其他受益井裂缝含 CO_2 量高。又由第四章的注采裂缝位置对比可知，由于下部位注气比上部位注气气驱范围广，因此气窜时间稍晚。在实际生产井组 38–21 中，38–21 井与 38–12 井属于上注下采型射孔组合，38–21 井与 38–16 井属于下注上采型射孔组合，如图 5–71 所示；38–16 井气窜时间为 2032 年 1 月，晚于 38–12 井的气窜时间 2029 年 4 月，如图 5–72 所示。

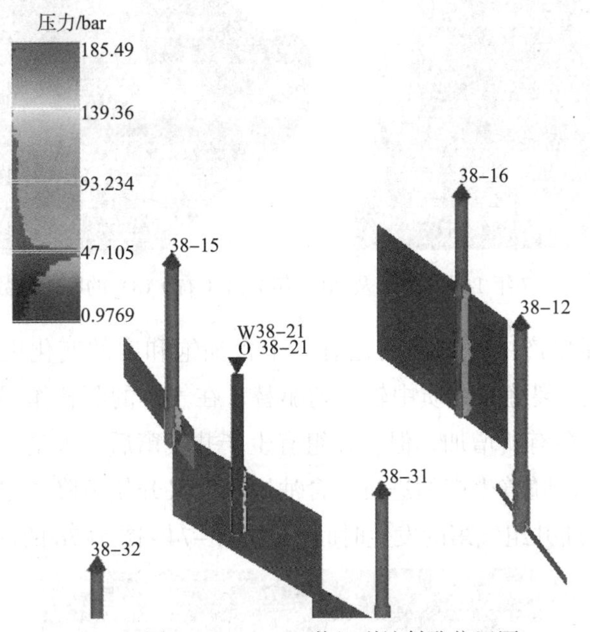

图 5–71 38–21 井组裂缝射孔位置图

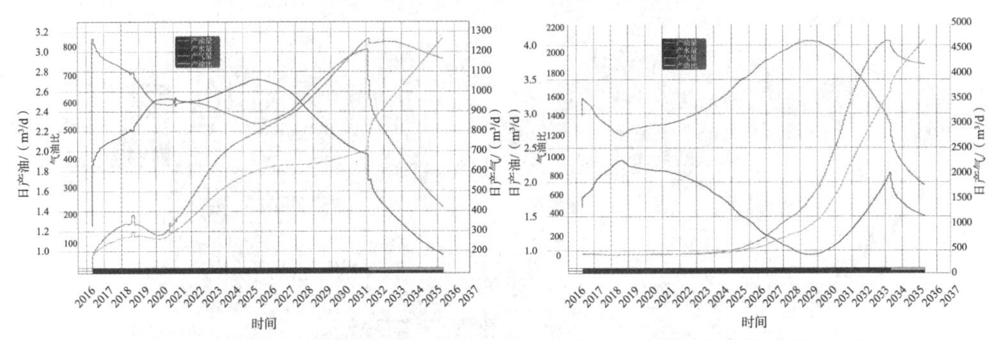

图 5–72 38–16 井（左）与 38–12 井（右）注气预测 20 年生产数据图

综上所述，在实际生产过程中，注入气先沿着注气井裂缝流动，随着注气量的增加，当气体由裂缝向基质流动时，气体以裂缝半长为焦距呈椭圆形扩散，如图 5–73（左）的 38–11 井，这也符合概念模型的气体流动规律。之后受到生产井裂缝的影响，气体沿着距离注气井裂缝较近的生产井裂缝窜流，生产井见气，如图 5–73（左）中 38–28 井组的 38–30 井。由图 5–73（右）也可以看出，由于 38–30 井及 38–31 井见气早，井组右半部气驱范围大于左半部；另外受流体势的影响，气体由高势向低势流动，如图 5–73（右）中 38–11 井组的 38–17 井；最后气驱范围由椭圆形演化成不规则状。

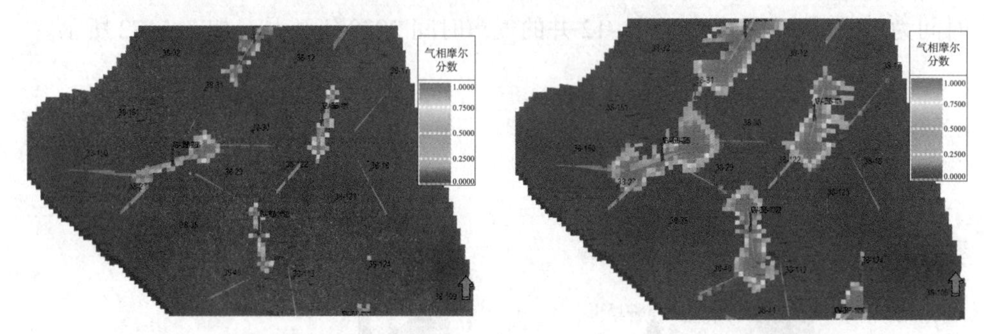

图 5–73　2017 年 1 月（左）及 2018 年 8 月（右）CO_2 的摩尔分数

特别地，实际生产中气窜前后还有一个含油饱和度的变化现象。开始注气生产后，CO_2 通过裂缝在介质中较均匀驱替；在气体的驱替作用下，气驱前缘局部含油饱和度会有所增加，但当井组有生产井气窜后，大量气体被无效采出，驱替作用减小；随着生产的进行，含油饱和度又开始下降。因此从含油饱和度变化也可以判断井组气窜的发生时间，见图 5–74~ 图 5–76 的椭圆圈内。

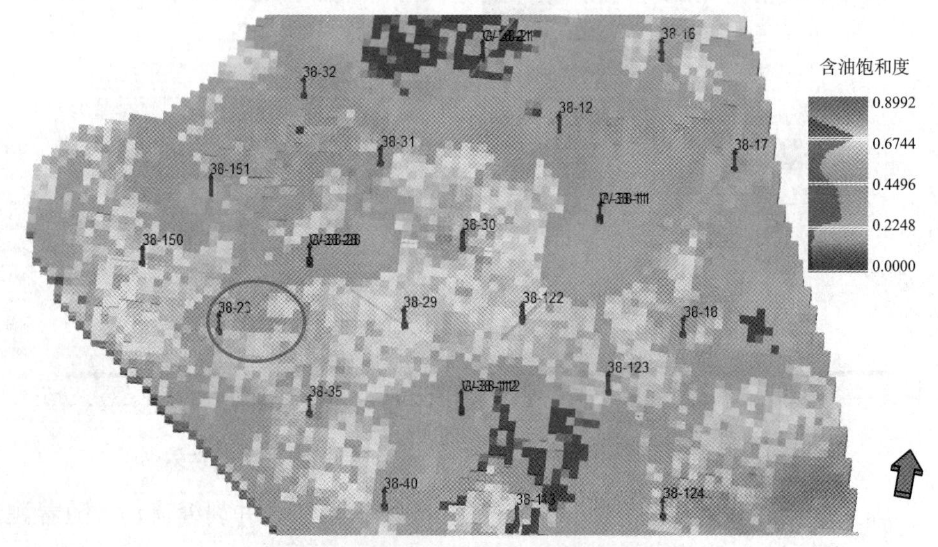

图 5–74　2016 年 5 月含油饱和度分布图

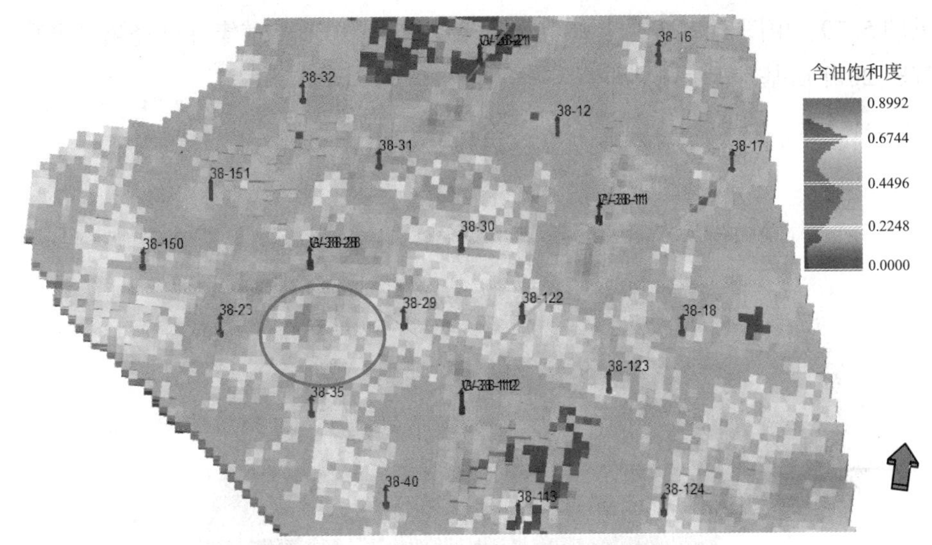

图 5-75　2018 年 5 月含油饱和度分布图

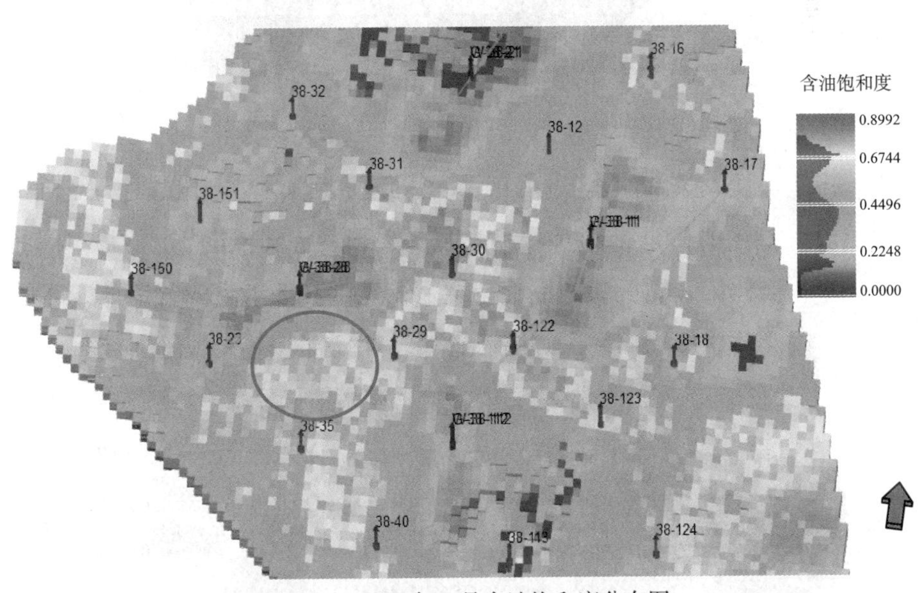

图 5-76　2022 年 5 月含油饱和度分布图

由图 5-3 可以看到，开始注气的时候，38-21 井气驱前缘气相中 CO_2 含量较其他井高。随着时间的推移到 2026 年 5 月（见图 5-77），注汽井气驱前缘气相中 CO_2 含量相差不大，直至 2036 年 5 月（见图 5-78）依然如此。这主要是因为开始注气后，38-21 井井底流压长期保持在混相压力以上，使得注入气能够与原油混相，减缓了气体的流动性及窜逸程度。随着开采的进行，压力下降到混相压力以下，油气分离，38-21 井气驱前缘气相中 CO_2 含量不再有优势，见图 5-79。由图 5-77 及图 5-78 可以看到，气驱 10 年后气窜井已经超过半数，气驱 20 年后基本上所有生产井都已经气窜。

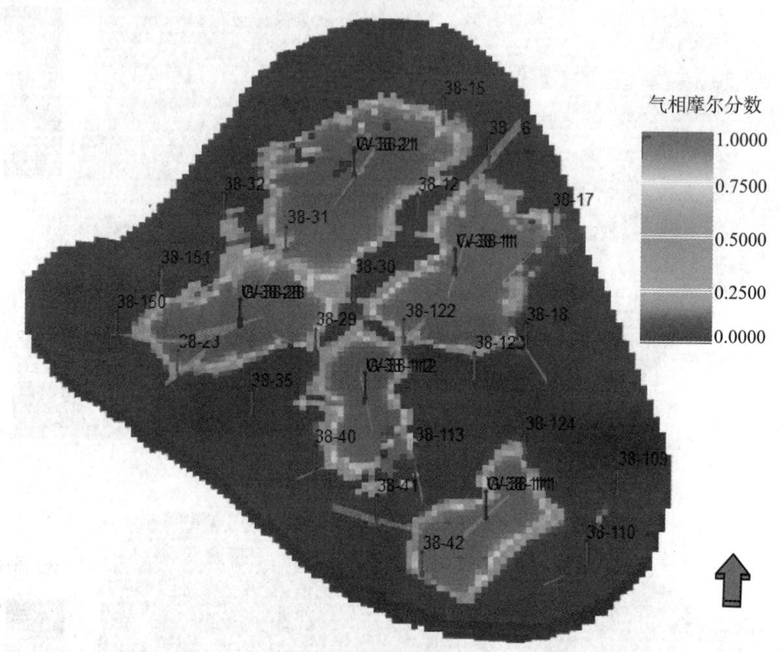

图 5-77　2026 年 5 月气相中 CO_2 的摩尔分数

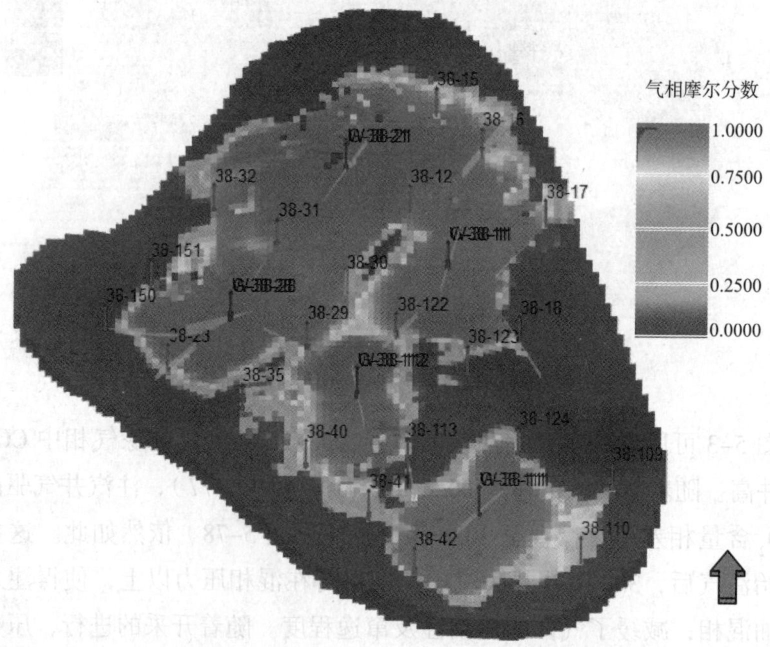

图 5-78　2036 年 5 月气相中 CO_2 的摩尔分数

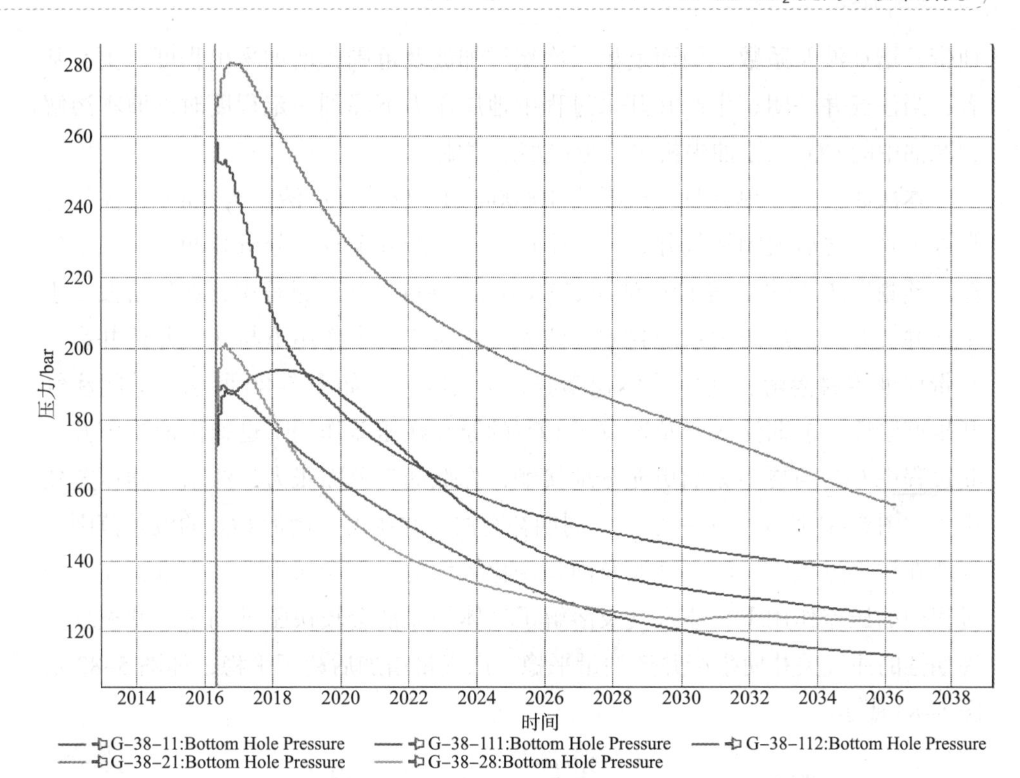

图 5-79　注气井井底流压变化曲线

连续注气与水驱开发相比较，连续注气开发在注气 7.5 年后（2024 年 1 月）气窜，气窜前累计增油 170911.90t，累计注气 138626.63t，换油率为 1.23t 油 /tCO_2，相较于注水开发累计增油 61466.81t；气窜后至模拟结束时（2036 年 5 月）累计增油 145106.60t，累计注气 222948.00t，换油率为 0.65t 油 /tCO_2，相较于注水开发累计增油 79008.24t。预测阶段注气开发比注水开发累计增油 140475.05t。可见，研究区注气开采效果较注水开发效果好得多，但是气窜后注气采油效果远不如气窜前好。

2）CO_2 脉冲驱

脉冲注气就是注入一段时间的 CO_2 气体，之后关闭注气井，打开生产井生产一段时间，这样一注一采的整个时间段为一个周期。脉冲注气就是注气井与生产井周期性地间开间注的开采方式。当注气井注气时关闭生产井，当生产井生产时关闭注气井。CO_2 脉冲驱的作用机理是注气阶段注入气与地层原油接触，使原油降黏改善地层孔渗结构；在停住阶段，注入气浸泡在地层中，生产井生产地层压力不断下降，CO_2 能与原油更充分地接触，发挥其萃取作用，降低界面张力。每个脉冲周期后注入的 CO_2 更可能波及上个周期气体未波及的地带，增加波及系数，周而复始一次次增加波及范围，增加采出程度。更有甚者，当注气井关闭、生产井开采过程中地层压力下降到一定程度时，原本溶解到原油中的 CO_2 从原油中析出，形成溶解气驱。

本次研究设计单井日注气量为 10000m³/d，单井日产液量为 5m³/d，注气时长 6 个月，之后关闭注气井、打开生产井，生产 6 个月，分析脉冲注气气窜规律。预测生产 20 年，累计产油 46.53×10^4t。在脉冲注气过程中，注气阶段由于生产井关井、地层压力系统封闭，注入气在注气压力作用下与注气井近井裂缝地带原油接触溶解，使原油体积膨胀、黏度降低，如图 5-80 所示；关闭注气井生产阶段，前期注入气及溶解了 CO_2 的原油在压差作用下迅速流向生产井，此过程中 CO_2 与更多原油更充分地接触，降低油气界面张力，注采井间压差减小，如图 5-81 所示。下一个注气周期补充注气井压力，增加 CO_2 的波及范围。因此在注气过程中，注入气波及面积变化较均匀，不会向生产井突进；在生产过程中的压差作用下，注入气及溶解了气体的原油会较快驱进到生产井裂缝，周期性的注气关井使生产井产油量平稳、产气量增加后趋于平稳，如图 5-82 及图 5-83 所示。

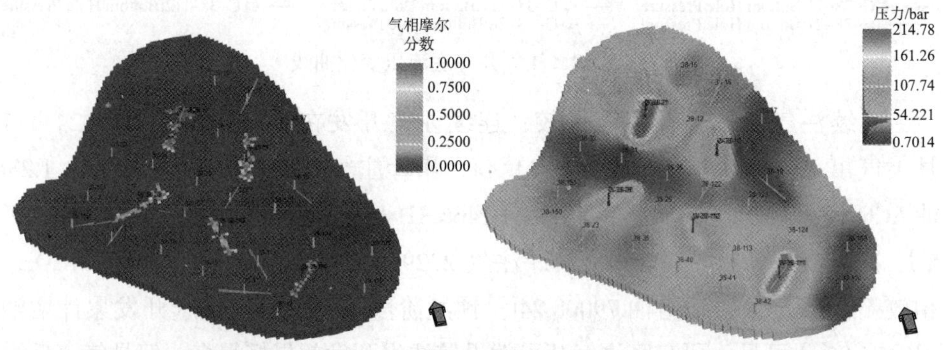

图 5-80 第一个注气周期结束后气相中 CO_2 含量（左）及压力（右）分布图（2016 年 11 月）

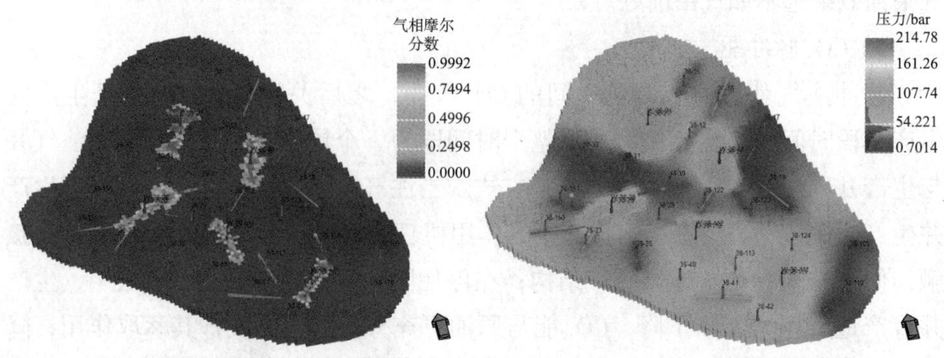

图 5-81 第一个生产周期结束后气相中 CO_2 含量（左）及压力（右）分布图（2017 年 5 月）

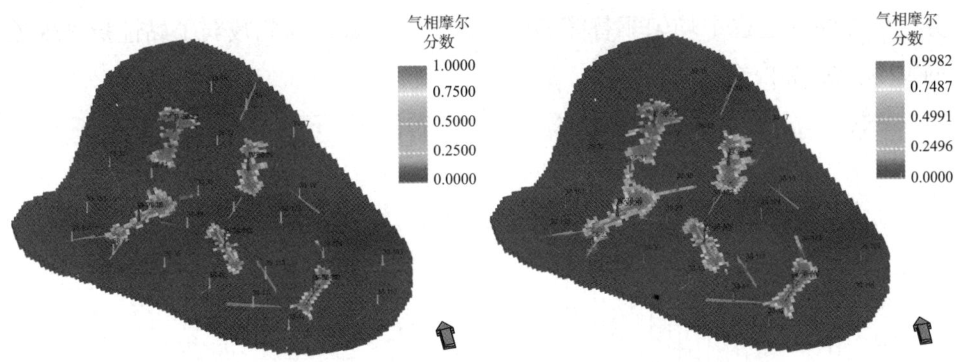

图 5-82 生产前（左）及生产后（右）气相中 CO_2 含量分布图

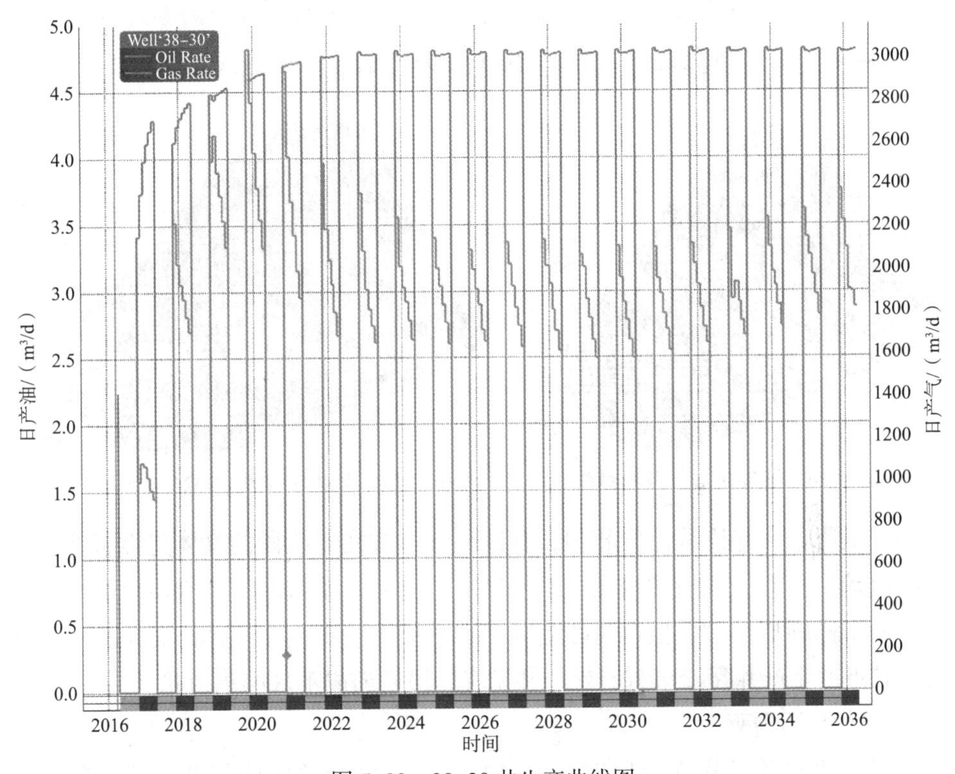

图 5-83 38-30 井生产曲线图

为了方便说明，定义阶段注气量为同一时间长度内注气量相同。在相同阶段注气量下脉冲注气（10000m³/d）与连续注气（5000m³/d）相比，脉冲注气见气早、气窜晚，气驱波及范围均匀，如图 5-84 及图 5-85 所示。这是因为脉冲的注气方式会形成不稳定的压力场，致使孔隙中油、气、水三相不断重新分布，高渗区导压系数高、低渗区导压系数低。这种导压系数高低差在生产过程中可形成反向压差，增加了低渗区原油的采出程度（王维波，2016）；且一部分气体在注气过程中均匀驱替能够波及到低渗区域，因此减弱了黏性指进现象的发生，延缓了气窜的发生。

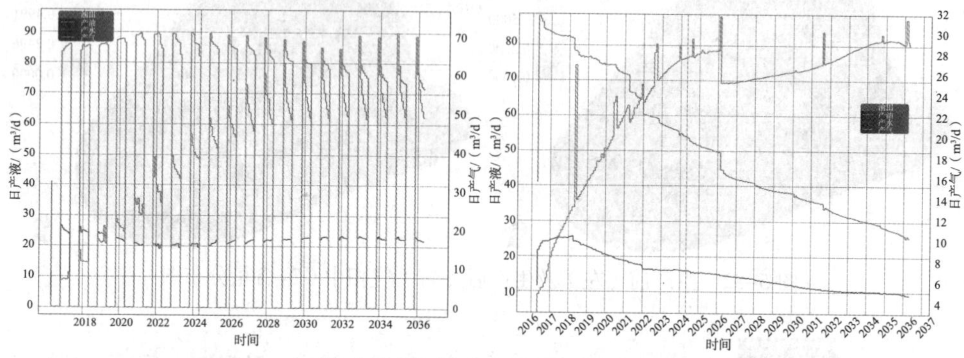

图 5-84　脉冲（左）及连续注气（右）生产曲线图

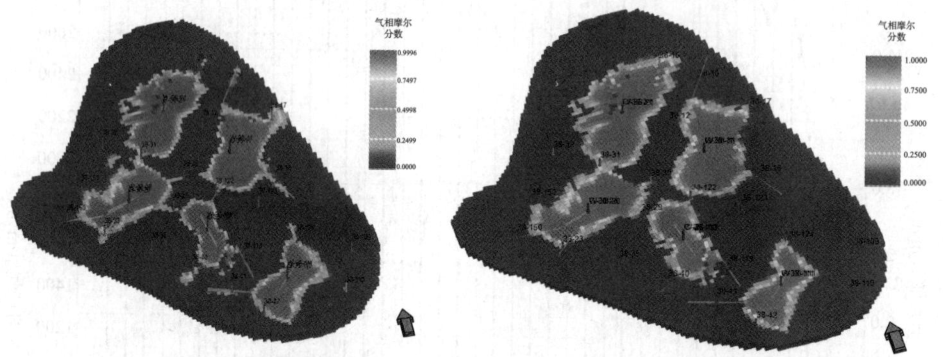

图 5-85　脉冲（左）及连续注气（右）气相中 CO_2 含量分布图（2024 年 5 月）

综上所述，与连续注气相似，脉冲注气方式注气阶段的气体先沿着注气井裂缝流动，随着注气量的增加，当气体由裂缝向基质流动时，气体以裂缝半长为焦距呈椭圆形扩散；生产阶段受到生产井裂缝的影响，气体沿着距离注气井裂缝较近的生产井裂缝窜流，生产井见气，最后形成不规则辐射状。

3）CO_2 周期驱

周期注气就是注入一段时间的 CO_2 气体，之后关闭注气井一段时间，类似吞吐过程中的浸泡一样，过一段时间再次打开注气井注气。在周期注气过程中，生产井一直打开，因此周期驱也可称为 SOAK AITERNATNG GAS，简称 SAG。

本次研究设计单井日注气量为 10000m³/d，单井日产液量为 5m³/d，注气时长 6 个月，之后关闭注气井，其间生产井一直生产，分析周期注气气窜规律。预测生产 20 年，累计产油 52.88×10^4t。周期注气开发较连续注气与脉冲注气相比较，气窜时间均没有优势，见图 5-86，气体窜流规律基本与连续注气相同，见图 5-87：注入气首先沿着注气井裂缝流动，随着注气量的增加，当气体由裂缝向基质流动时，气体以裂缝半长为焦距呈椭圆形扩散，之后受到生产井裂缝的影响，气体沿着距离注气井裂缝较近的生产井裂缝窜流，生产井见气；其次受流体势的影响，气体由高势向低势流动；最后气驱范围由椭圆形演化成不规则状。由于周期累计注气量小于连续注气开发方式，因此累计产油量不如连续注气开发。气窜时间较脉冲注气早，因此地层压力下降快，保持水平低，如图 5-88 所示。总之，周期注气开采方式效果一般。

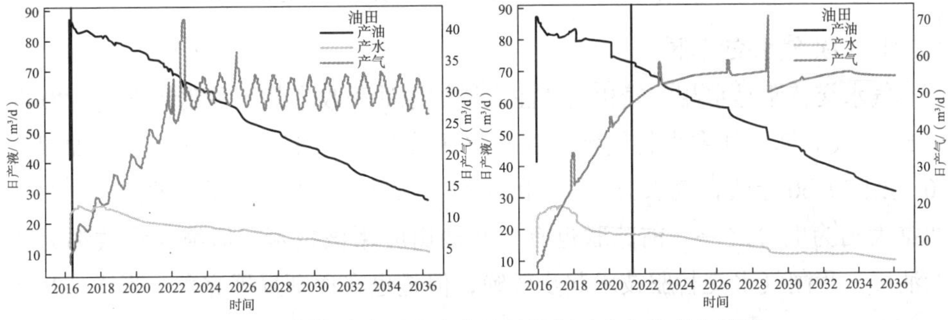

图 5-86　周期注气（左）与连续注气（右）生产曲线图

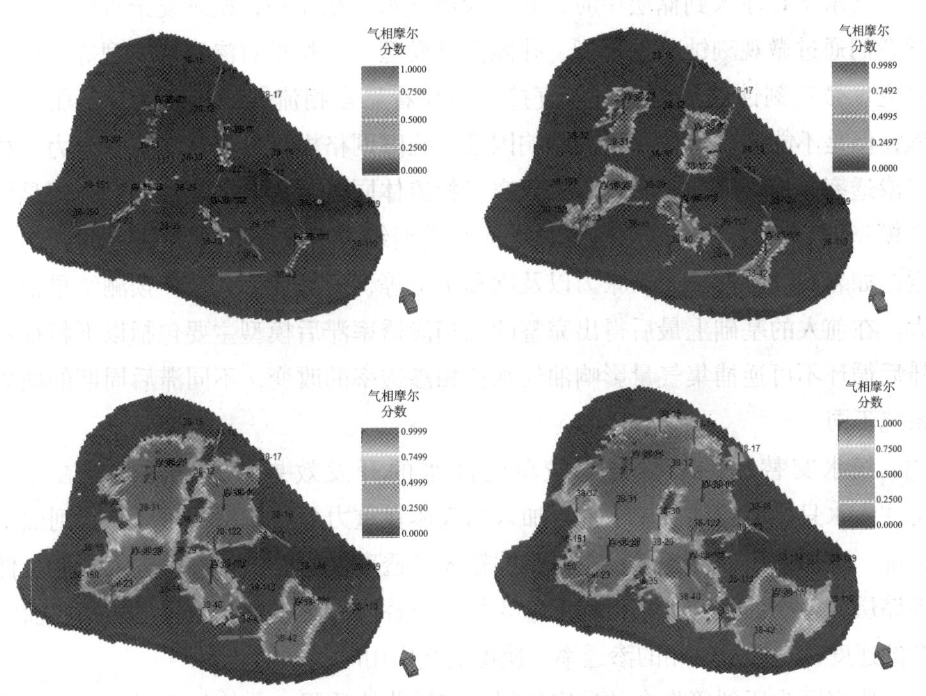

图 5-87　周期注气气相中 CO_2 含量分布图

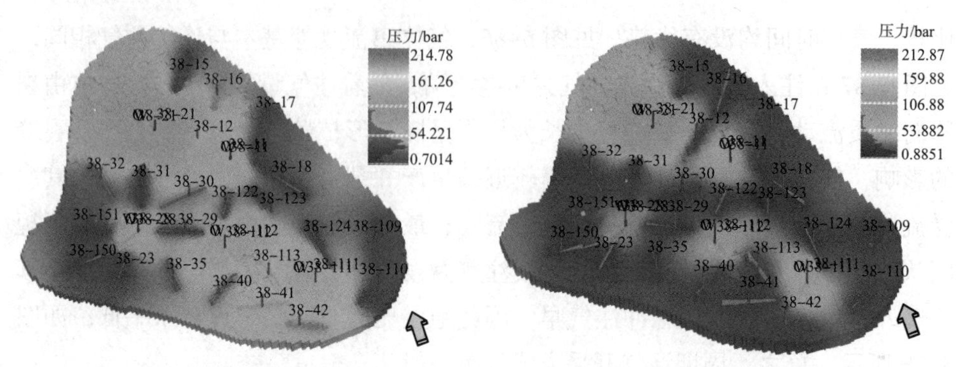

图 5-88 脉冲注气（左）与周期注气（右）结束时压力对比图

4）CO_2 气水交替驱

气水交替驱是水相、气相交替注入增加原油采收率的一种驱油方式。20 世纪 50 年代后期，加拿大将气水交替驱的开采方式应用到 North Pembina 油田。20 世纪 50~60 年代，气水交替技术的应用美国最多，约占全世界的三分之二，加拿大约为七分之一，前苏联也有一些油田应用该技术，但绝大多数都为陆上油田。我国气水交替驱技术起步较晚，但是也在逐渐发展完善（胥洋，2016 年）。

气水交替注入到储层中时，储层为油气水三相流动，机理复杂难以捕捉，学者们通过微观刻蚀玻璃模型、孔隙网格模型、三相相对渗透率模型等来进行研究。微观刻蚀玻璃模型可以直接简单地看见多相流体的流动状态、驱油过程，但是不能明确造成结果的影响因素；孔隙网格模型可以针对毛管压力、相对渗透率、饱和路径等影响因素研究三相流体同时流动时的驱油机理，但是模拟模型的完善度不强；三相相对渗透率模型综合考虑了相对渗透率的影响因素，如岩石润湿性、表面张力以及饱和历史等，但是计算复杂，预测结果偏差大。在前人的基础上最后得出完整的三相渗透率滞后模型主要包括以下特征：滞后循环不可逆捕集气量影响油气水三相渗透率的改变，不同滞后周期的捕集系统不同。

气水交替驱的开发效果较单纯注水的开发效果好，主要原因在于：①注入水只能驱扫油层中下部，加入的气体在重力分异作用下可以驱扫到油层上部，增加采出程度；②水主要驱替较大渗透率储层，气相可以进入到低孔低渗储层驱替原油，增加采出程度；③气水交替注入时，水相减缓了气相向前驱替的速度，降低了气相的渗透率，使得油气作用时间增加。

研究区为压裂等发育的致密储层，储层非均质强、非均匀润湿，气水交替驱替过程中气体对大孔隙的占据能够造成贾敏效应，增加小孔隙对水的渗吸作用；裂缝中气水界面张力大也能够减小气体的驱进速度，油气水三相的存在使得裂缝的毛管力增加。这些都能增加微观驱替效率，延缓气窜增加采收率。

影响气水交替提高采收率的主要因素是其注入能力的大小，而影响其注入能力的参数主要有油藏润湿性、化学作用、非均质性等。强水湿储层，注入水在毛管力的作用下首先进入小孔道；而实际油藏多处于混合润湿储层中，注入水会先选择进入大孔隙再进入小孔隙，注入气也优先选择阻力较小的大孔隙，这样就会导致注水能力下降。研究区为致密含炭质物质较多的砂岩储层，这些物质在气水交替注入过程中随着 pH 值的变化不断溶解、运移、积聚，这就会对储层渗透率产生影响变化，从而影响注入能力。本次研究主要从界面张力、贾敏效应、渗吸作用三方面对研究区进行 CO_2 气水交替驱微观及宏观增油机理分析。

（1）界面张力作用。

在气水交替驱替过程中，裂缝及基质中气水段塞交替存在，油气水三相流动，如图 5–89 所示。当气水段塞处于静止状态时，气水界面如图 5–90（a）所示；但是当段塞处于流动状态时，由于气体黏度小，易向前突进，段塞间的流体界面就会发生变化，这种现象就是润湿滞后，如图 5–90（b）所示。根据毛细管第二种附加阻力效应公式：

$$\Delta P_c = P_c^2 - P_c^1 = \frac{2\sigma}{r}(\cos\theta_2 - \cos\theta_1) \tag{5-1}$$

根据压降公式，储层中压力分布为：

$$P = P_{wf} + \frac{P_{wfz} - P_{wf}}{\ln\frac{d}{r_w}} \ln\frac{r}{r_w}$$

得到第 i 个气段塞前缘的地层压力为：

$$P_{r1} = P_{wf} + \frac{P_{wfz} - P_{wf}}{\ln\frac{d}{r_w}} \ln\frac{r}{r_w} \tag{5-2}$$

第 i 个气段塞后端的地层压力为：

$$P_{r2} = P_{wf} + \frac{P_{wfz} - P_{wf}}{\ln\frac{d}{r_w}} \ln\frac{r + L_g}{r_w} \tag{5-3}$$

那么，第 i 个气段塞前后受力之差就是气泡前进的动力：

$$P_{r2}-P_{r1}=\left(P_{wf}+\frac{P_{wfz}-P_{wf}}{\ln\frac{d}{r_w}}\ln\frac{r}{r_w}\right)-\left(P_{wf}+\frac{P_{wfz}-P_{wf}}{\ln\frac{d}{r_w}}\ln\frac{r+L_g}{r_w}\right)=\frac{P_{wfz}-P_{wf}}{\ln\frac{d}{r_w}}\ln\frac{r+L_g}{r} \tag{5-4}$$

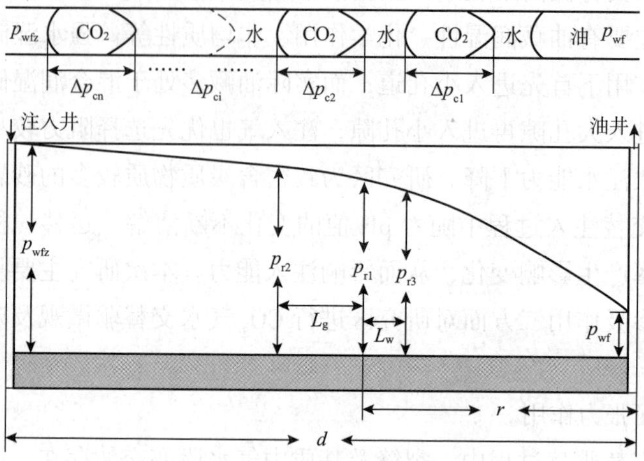

图 5-89 气水交替驱压力分布图

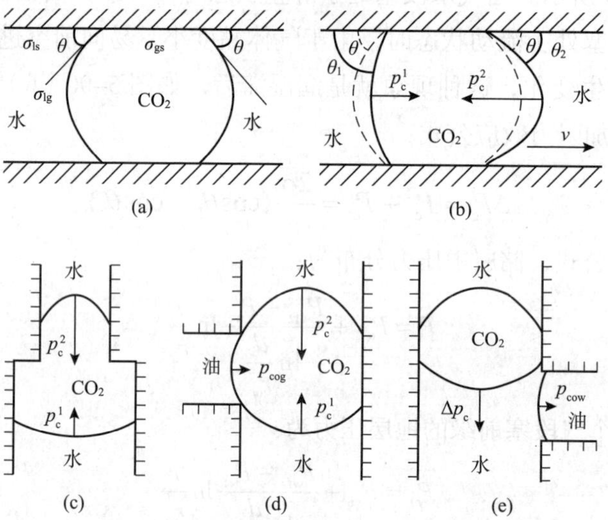

图 5-90 气水交替驱气段塞（气泡）受力图

可知，气体在流动过程中受前进动力和毛管阻力的双重作用。研究表明，在地层条件下（60℃、13MPa）CO_2– 水的表面张力约为 30mN/m，因此估算气体的渗流阻力 ΔP_c 为 0.02~0.05MPa。研究区参数见表 5-18。通过计算不同气段塞大小第 i 个气段塞地层流动压力（P_{r2}–P_{r1}–ΔP_c）分布如图 5-91 所示。可以看出，随着段塞尺寸的减小，气体流动压力越来越小，流动越来越困难。随着泄压半径的减小，流动压力在生产井附近迅速增加，段塞越小，流动压力增加越慢，说明小气体段塞有助于延缓气体的窜进。

表 5-18 研究区参数列表

供给半径 d/m	井径 r_w/m	注入井压力 P_{wfz}/MPa	生产井压力 P_{wf}/MPa
200	0.1	25	1

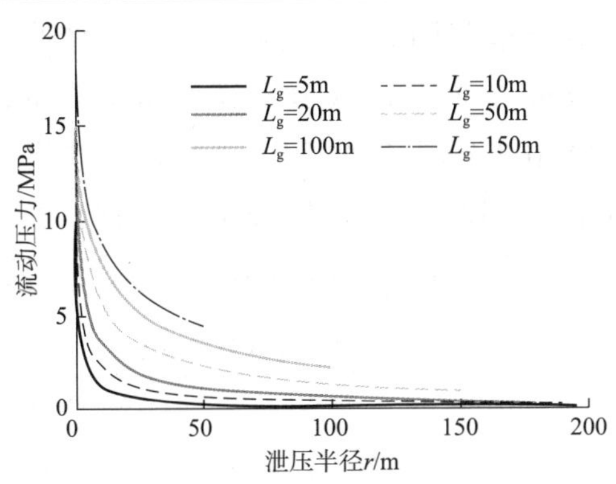

图 5-91 不同气体段塞下地层流动压力分布图

气段塞驱替前缘在气水表面张力作用下受到的 P_c^2 大于气驱滞后端（水段塞驱前缘）的 P_c^1，两力之差记为 ΔP_{ci}，就是气段塞前进的阻力。在这种阻力作用下，第一，延缓了气体的窜进；第二，当气体在裂缝及大孔隙中流动过程中遇到小孔隙时，由于小孔隙中含油饱和度高，油气界面张力远小于气水界面张力，因此更多的气体进入小孔隙驱油［如图 5-90（d）所示］，增加了气驱波及面积及原油采收率。上述计算只针对一个气体段塞，若存在 n 个段塞，即存在 n 个气体流动阻力 ΔP_c，在很大程度上抑制了气体的窜逸速度，也说明了气水交替驱段塞数目越多越好，这与李松林的研究结论一致。

（2）渗吸作用。

研究区测得储层相对润湿指数为 0.19~0.50，表现为亲水及弱亲水属性。气水交替驱之前采取水驱开发方式，水主要驱替裂缝等高渗带的油。气段塞注入后，气体首先占据大孔隙，驱替大孔隙的原油，后续注入的水段塞一部分仍然会压缩大孔隙的气体，并占据高渗带；由于储层亲水，大量的水在润湿性作用下会进入与大孔隙连接的小孔隙中，增加了水驱波及面积，如图 5-90（e）所示。气驱后残余油多为连续相，CO_2 以非连续相分散在大孔道中；水段塞进入大孔隙后捕集分散的气相或气泡，在界面张力作用下导致大孔隙中渗流阻力增加，从而驱替压力升高，部分水被迫流入到周围小孔隙中，增加了周围孔隙对水的加压渗吸能力和自吸能力。孔隙半径越小，自吸能力越强，因此更多的水会进入到基质中的小孔隙中，也增加了水驱的微观波及面积。水驱后气段塞的注入，由于水对储层的润湿性导致气体在含油、含水孔隙中受到的各个方向的毛管阻力大小不同，因此气体首先选择毛管阻力小的含油孔隙进入，驱替原油，如图 5–90（d）所示。

（3）贾敏效应。

研究区孔喉大小分布范围广、结构复杂、非均质性强，见表 5–19：渗透率小于 $1.0 \times 10^{-3} \mu m^2$ 的岩心，喉道半径分布范围窄，峰值主要分布在 0.16~ 0.63μm，最大喉道半径为 0.09~2.21μm，平均喉道半径较小，主要为 0.03~0.69μm；渗透率为（1.0~4.0）$\times 10^{-3} \mu m^2$ 的岩样，喉道分布峰值主要为 0.40~1.61μm，最大喉道半径为 1.089~3.79μm，平均喉道半径为 0.2919~1.07μm。

表 5–19 岩心孔喉特征参数

岩心编号	渗透率 / $\times 10^{-3} \mu m^2$	孔隙度 /%	排驱压力 /MPa	最大喉道半径 / μm	平均喉道半径 / μm
11	0.114	11.330	1.707	0.431	0.153
39	0.425	13.140	1.368	0.537	0.162
46	0.315	15.410	0.468	1.572	0.349
48	0.019	4.720	8.269	0.089	0.033
57–2	0.834	15.560	2.054	0.358	0.110
61–1	2.018	17.020	0.676	1.088	0.291
65–1	0.015	3.930	8.262	0.089	0.034
69–1	1.71	15.650	0.195	3.769	0.797
72	2.200	17.110	0.194	3.785	1.065
77	3.43	17.460	0.194	3.786	1.021
88	0.96	17.200	0.332	2.214	0.682
90	0.935	16.150	0.332	2.215	0.693

在气水交替驱过程中，水段塞首先填充满注气井井底裂缝，后由裂缝进入到基质时首先占据基质中的大孔隙；后续气体段塞少量填充注气井井底裂缝而大量进入到基质中，沿着生产压差较大的方向驱替原油，增加了气体的微观波及面积。由注气井到生产井驱进过程中，受储层孔隙结构及非均质性的影响，气水段塞在裂缝与基质中以多个小气水段塞（见图 5–89）乃至大气泡形式存在。当段塞由裂缝进入基质或者由大孔隙进入小孔隙时，气段塞及水段塞中气泡会产生贾敏效应、堵塞喉道［见图 5–90（c）］，增加水的流动阻力，降低了水的流动，致使后面的水会有部分渗流到其他大孔隙中或者小孔隙中，增加了水驱波及面积。在生产实际中，一口注气井对应多口生产井，当注气井与其中一口生产井之间存在高渗通道时，贾敏效应的存在延缓了气体的无效窜进，增

加了注气井与其他生产井的作用效率，提高了波及系数及采收率。

目前，气水交替驱中的气主要有烃类气体（例如甲烷）、非烃类气体（例如氮气以及 CO_2）。相比于其他气体，CO_2 主要具有以下优点：① CO_2 黏度比其他气体的黏度稍高，因此降低了注入难度；②相较于其他气体，CO_2 体积系数和流度比较低，驱油时的波及范围较大；③ CO_2 气体性质与轻质原油性质相近，因此相较于其他气体不易产生重力分异，只有当储层含水饱和度较高时，重力分异明显。

本次研究选择注 CO_2 一个月后注水一个月的段塞尺寸，设置单井日注气量为 $10000m^3/d$、单井日注水量为 $20m^3/d$、单井日产液量为 $5m^3/d$，分析气体的窜逸规律，预测生产 20 年，累计产油 56.53×10^4t。与连续注气不同的是，气水交替注入过程中注入的气体进入基质时首先占据大孔道，形成贾敏效应；之后，注入的水在贾敏效应的作用下致使驱替压力较连续气驱时升高，在高驱替压差作用下有部分水会渗流到小孔隙中，从而增加了小孔隙的自吸能力，如图 5-92 所示；另外，气驱后残余的气体在水驱过程中随着水的驱动而流动，当气体到达下个孔隙时占据该孔隙，对流动的水也就产生了一定的流动阻力，因此注入的气体在很大程度上降低了水的流动。注入的水有一部分压缩气体占据裂缝等高渗带，等到下一轮注气时，注入气将少量进入裂缝，而大量气体在注入压力作用下进入基质中，沿着生产压差较大的方向驱替原油，增加了气体的波及面积。

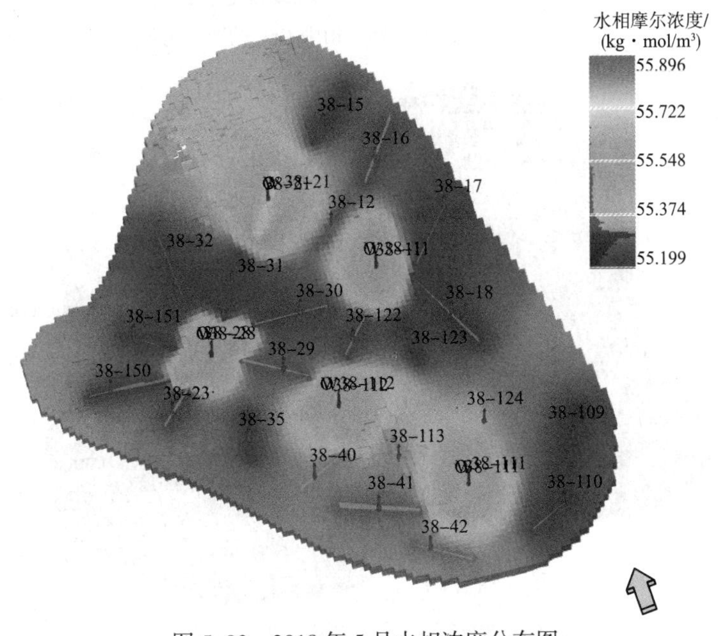

图 5-92　2018 年 5 月水相浓度分布图

由图 5-93 可以看出：与连续注气气窜规律研究相比较，气水频繁交替能够控制 CO_2 更好的混相，有效延缓气体的窜逸程度，使气体不再一味地沿着高渗带（裂缝）流动，而是较均匀地向各生产井方向驱替。总体来说，气水交替驱气体在水段塞的控制下流动缓慢，驱替均匀，大致呈正方形或者菱形形式向生产井驱替前进，如图 5-94 所示。当气体由基质进入到生产井裂缝后，油井见气，后续气段塞会偏向于见气油井方向驱替，因此影响气驱前缘的稳定性，使其形状有所改变（见图 5-95）。

图 5-93　2018 年 5 月气相中 CO_2 的摩尔分数

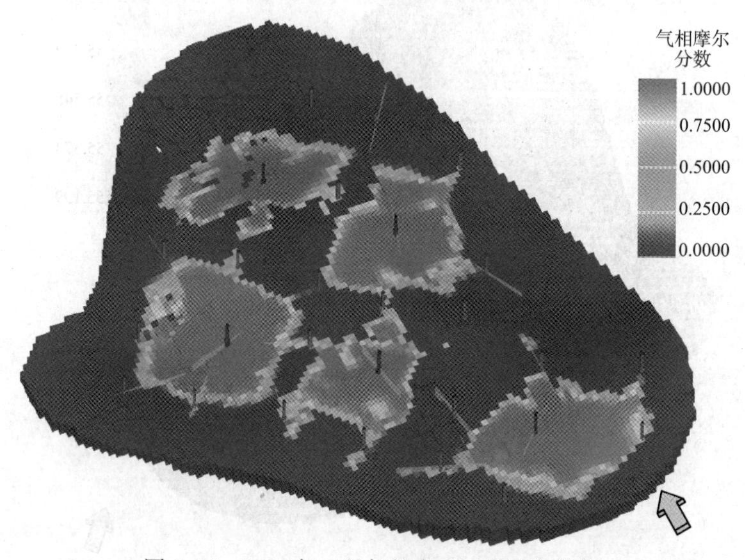

图 5-94　2026 年 5 月气相中 CO_2 的摩尔分数

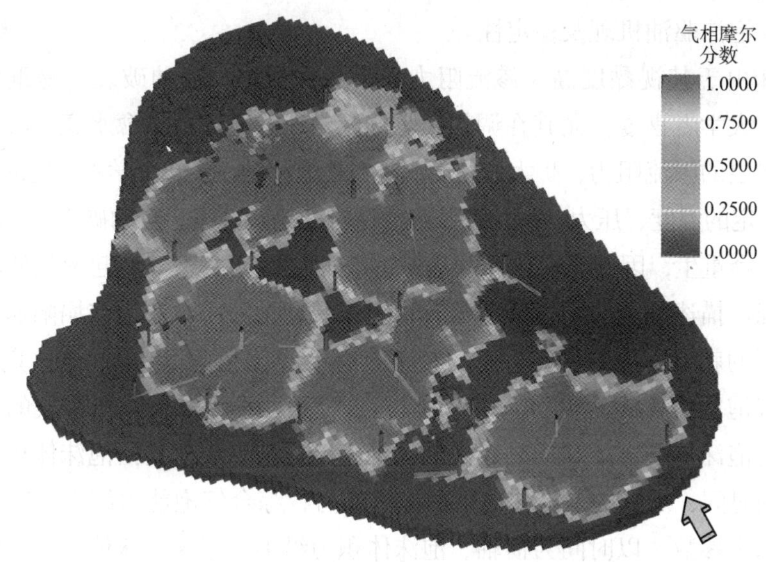

图 5-95 2036 年 5 月气相中 CO_2 的摩尔分数

5）CO_2 泡沫驱

20 世纪 50 年代，Fried 首次发现储层中泡沫的存在能够降低气体在孔隙、喉道中的流速，延缓气体的突破时间。两年后，Bond 等人首次将泡沫驱引入了油田的三次开采并申请了专利。20 世纪 60 年代，美国油田泡沫驱的应用成为泡沫驱研究时代开始的标志。21 世纪以来，国内外针对泡沫驱的研究日益增多。

（1）泡沫驱研究现状。

2003 年，L Romro 等人通过可视化玻璃模型观察记录泡沫在孔隙中的流动过程发现，泡沫驱可以将水驱或者气驱后的残余油继续驱替出来且泡沫驱后残余油只剩 10%；2007 年，Reid Barlow Grigg 用残余油对比 CO_2 泡沫驱与 CO_2 驱的驱替效果发现，CO_2 泡沫驱比 CO_2 驱效果好；2015 年，H Nejatian 等人对 CO_2 泡沫驱的影响因素进行了研究，发现 CO_2 泡沫驱的采收率与原油重度及注入孔隙体积的变化正相关；2016 年，X Xu 等人对 CO_2 泡沫驱的起泡剂稳定性进行选择，发现所有起泡剂里 AES 产生的泡沫最稳定、效果最好。

2011 年，李兆敏针对国内多为陆相沉积的非均质油藏进行了 CO_2 泡沫驱与 CO_2 交替驱替的实验研究，发现该方法能够有效地延缓气窜的发生。2014 年，章杨等利用可视化高温高压泡沫仪观察发现，CO_2 相态与泡沫的性能有一定的联系：气态 CO_2 与起泡剂作用形成的泡沫与传统意义上的气泡一般，超临界状态下的 CO_2 与起泡剂作用所形成的泡沫接近于乳状液体。

（2）泡沫驱油机理及稳定性。

泡沫由于其视黏度高、渗流阻力大、遇水稳定、遇油破裂、易重生等特点而被广大学者喜爱。尤其在调剖调驱方面，泡沫能够封堵含水高的渗透层，增加高渗层的渗流阻力，扩大波及面积。但是泡沫是一种热力学不稳定的分散体系，在一定的温度、压力、矿化度及含油饱和度等条件下会自动破灭；气体遇到起泡剂又会重生，因此要求作为起泡剂的表面活性剂必须容易起泡且使泡沫稳定性较强。描述泡沫稳定性的参数有稳定系数、携液系数、泡沫塌陷速率。其中最主要的就是泡沫的稳定性，对应的指标有发泡体积（V_0）、半衰期（t_{50}）和综合气泡能力（F_c）。发泡体积是指在一定条件下泡沫体系所生成的最大气泡量时的泡沫体积，反映的是起泡剂的发泡能力；半衰期是指泡沫体积衰减到一半时的时间，反映的是泡沫体系的稳泡能力；综合气泡能力综合了时间与泡沫体积两个参数，以时间为横轴、泡沫体积为纵轴，记录泡沫体积随时间的变化，如图 5-96 所示。由泡沫体积衰减到一半时的时间与泡沫体积变化曲线及坐标系组成的阴影部分面积即为综合气泡能力（王维波，2018年；刘烨，2012年）。

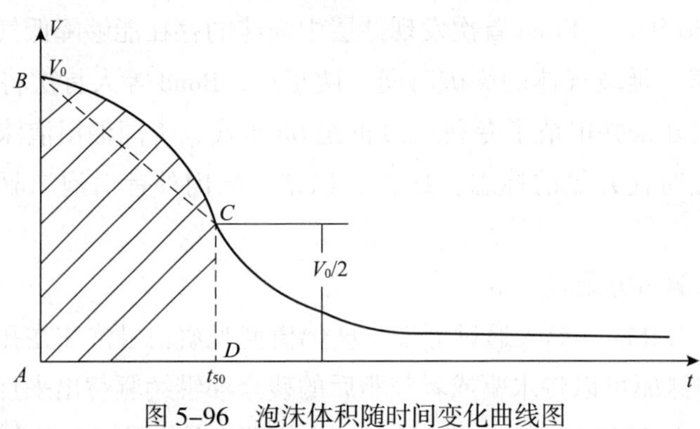

图 5-96 泡沫体积随时间变化曲线图

在通常情况下，近似地将图中梯形 ABCD 的面积当作阴影部分的面积来计算综合起泡能力：

$$F_c = \frac{3}{4} V_0 t_{50} \tag{5-5}$$

式中 F_c——综合气泡能力，mL · s；

V_0——气泡体积，mL；

t_{50}——半衰期时间，s。

（3）起泡剂类型及性能。

在通常条件下，泡沫驱的起泡剂的选择都是水溶性的表面活性剂，通过气水交替驱的方式注入到地层。但是对于超低渗储层而言，低孔、超低渗，注水困难，所以起泡剂的注入也显得异常困难；另外，水溶性表面活性剂形成的气泡在地层中破裂后，由于重力分异作用气体向上移动，液体向下移动，造成气液分离的状态，从而后续泡沫再生困难。因此，超低渗储层应选择气溶性起泡剂来缓解气液分离现象，克服后续泡沫再生能力不足的问题，实现深部封窜。

目前常用的 CO_2 驱的发泡剂主要有阳离子型、阴离子型、两性离子型、非离子型、高聚物型及纳米颗粒。其中，阳离子型表面活性剂的吸附性强，容易吸附于一般固体表面；阴离子型表面活性剂耐温性能好、活性较高，但是耐盐性差；两性离子表面活性剂是将不同表面活性剂复配所得，出现“1+1>2”的增强效果，但是适用于 CO_2 驱的两性离子型发泡剂种类还不完善；非离子表面活性剂的耐高价阳离子性能好且稳定性高，但是在固体表面吸附力较弱且耐温性差；高聚物型发泡剂增加了泡沫稳定性，但是使起泡性能降低了；纳米颗粒目前还停留在理论研究阶段。总体来说，CO_2 驱的发泡剂类型中两性离子型效果最好，阴离子型次之，非离子型最差（王维波，2018 年）。起泡剂的性能评价方法目前主要有 Din 孔盘打击法、Ross–Miles 法、倾注法、气流法、Waring Blender 法（刘烨，2012 年）。

Din 孔盘打击法：该方法是选择一个带孔的圆盘不停地打击起泡剂溶液，根据产生泡沫的多少来评价起泡剂的起泡能力。

Ross–Miles 法：目前国内外通用的测定方法，测定仪器为 Ross–Miles 仪。该方法在很多国家被定位为评价起泡液性能的标准，1975 年被我国定为国家标准。

倾注法：该法利用罗氏仪。将高处 200mL 起泡剂自由落下冲击下端 50mL 起泡剂至上端液体流尽，测量气泡体积。

Waring Blender 法：取 100mL 起泡剂溶液放入烧杯中并高速搅拌，一定时间后将液体及泡沫倒入量筒中读取数据。该方法操作简便、用药量少、耗时短，是最简单、最实用、应用最广泛的测量起泡液性能的方法。

泡沫体系的稳定性能只需要比较泡沫体系半衰期时间长即可。半衰期时间越长，泡沫体系越稳定。目前研究指出，影响泡沫体系半衰期的因素主要有：①温度：油藏温度越高，泡沫体系越不稳定、越易破裂，见图 5–97；②压力：压力越大，泡沫体系稳定性越强，见图 5–98；③泡沫质量越大，体系稳定性越差；④表面张力越小，体系稳定性越好；⑤ Marangoni（液体传播）效应越强，体系稳定性越强；⑥随着泡沫表面黏度的增加，体系稳定性先增加后下降，下降的原因在于黏度过大质量过大；⑦溶液黏度越大，体系稳定性越好。

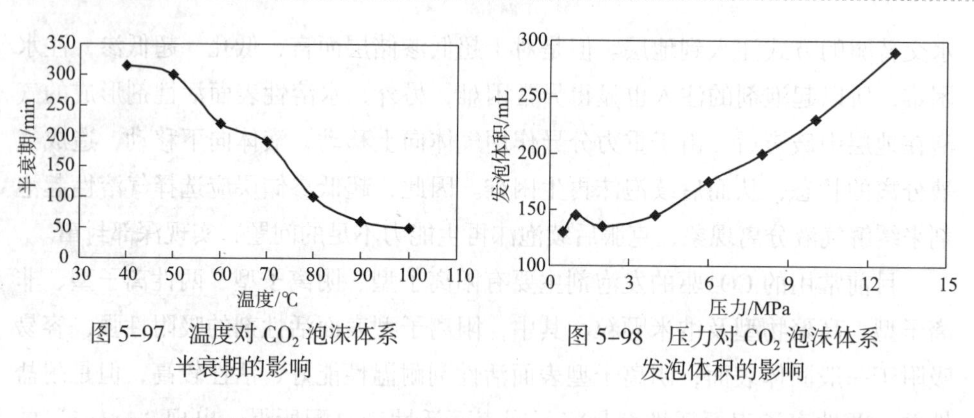

图 5-97 温度对 CO_2 泡沫体系半衰期的影响

图 5-98 压力对 CO_2 泡沫体系发泡体积的影响

（4）泡沫驱气窜规律。

本次研究中选择国产起泡剂 HY-2，该起泡剂发泡体积为 480mL，半衰期为 620s，综合气泡能力为 223330mL·s。在恒定起泡剂溶液、CO_2 注入流量及采液量的情况下分析泡沫驱气窜规律。由于 CO_2 注入后形成泡沫，体积增大，因此设定单井 CO_2 注入速度为 20m³/d，初期单井采液速度为 5 m³/d，预测生产 20 年，累计产油量为 41.12×10^4t。

泡沫驱开始注气井井底流压迅速达到压力上限，生产井井底流压迅速下降到大气压，地层能量补充不足。这是因为泡沫由气、液两相构成，它的渗流阻力比气相和液相的渗流阻力都大，因此泡沫在储层中流动性差能够有效地封堵高渗区。由图 5-99 可见，泡沫主要集中在注气井附近，生产井附近泡沫浓度很低。也就是说，泡沫驱过程中泡沫遇油消泡后，CO_2 气体在压差作用下进入到基质中向生产井驱替，但是由于泡沫流动性差、储层渗透率低，导致注气量减

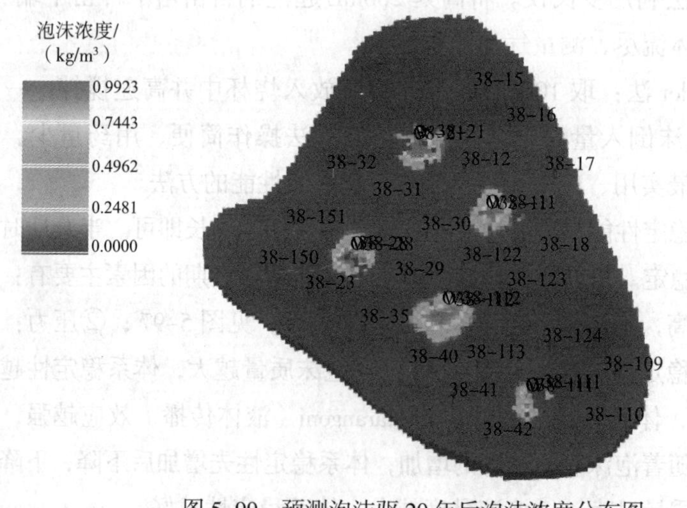

图 5-99 预测泡沫驱 20 年后泡沫浓度分布图

少，从而消泡后 CO_2 气体体积很少，气驱作用弱。单井产油量在地层能量不足的情况下迅速下降，采出程度低，基本不气窜；只有当生产井裂缝与注气井裂缝距离很近时（例如 38–150 井与 38–28 井），泡沫驱的过程中生产井的产气量会有所增加，如图 5–100 所示。

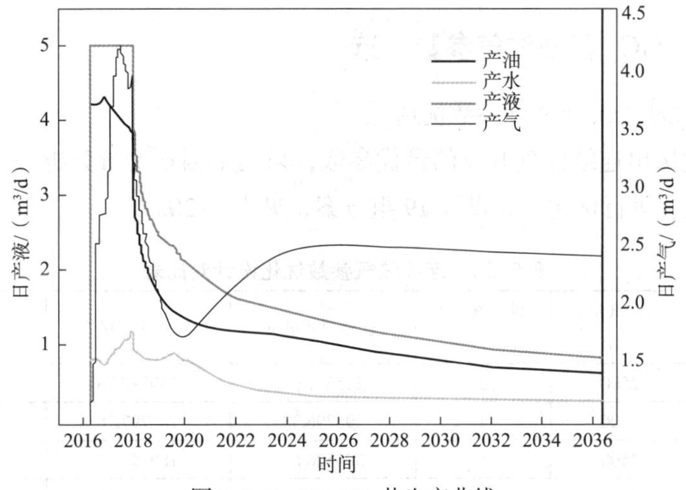

图 5–100　38–150 井生产曲线

由图 5–101 也可以看出，泡沫在地下主要以 3 种状态存在：吸附状态、产出状态以及储集（流动）状态。产出状态的泡沫量极少，说明以泡沫形式到达生产井的量极少，驱替作用不强；以吸附状态存在的泡沫量占绝大多数，吸附状态的泡沫主要是为了封堵高渗孔道，因此驱替的流动泡沫体积较小，致使采出程度一般。

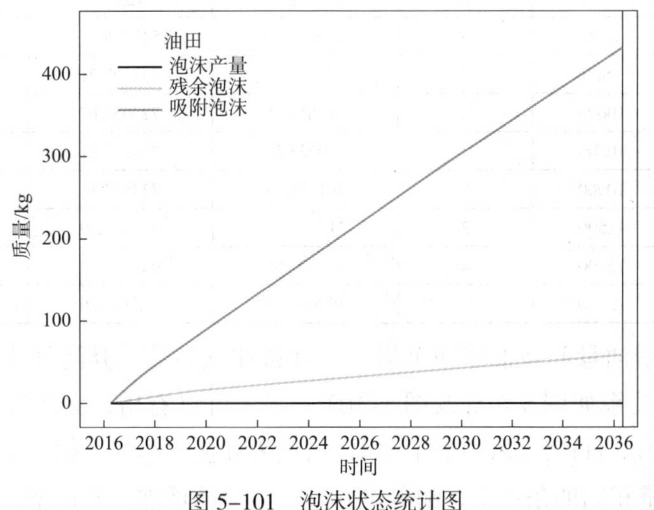

图 5–101　泡沫状态统计图

综上所述，泡沫驱能很大程度地延缓气窜的发生，甚至使气窜只发生在较小范围内；但泡沫驱采出程度较连续气驱小，还涉及表面活性的选择及应用，工程复杂、可操作性不强，且研究区注表面活性剂困难，泡沫量少、流动性差，因此该法不适合研究区。

5.2.4 CO_2 驱油注气参数优选

1）连续注 CO_2 驱注气参数优选

为了优选出连续注气开发的最优参数，采用单因素变量分析法，对日注气量和日产液量进行优化，共设计 19 组方案，见表 5–20。

表 5–20 连续注气参数优化设计对比表

方案号	日注气量 /（m^3/d）	日采液量 /（m^3/d）	累计增油量 /t	累计注气量 /t	换油率 /（t 油 /tCO_2）
F0	2500	2	205671.04	180797.76	1.14
F1	2500	4	298296.38	180797.76	1.65
F2	2500	5	308526.68	180797.76	1.71
F3	2500	8	316192.11	180797.76	1.75
F4	4800	2	209262.54	347111.73	0.6
F5	4800	3	288067.74	347113.25	0.83
F6	4800	4	312183.15	347113.25	0.9
F7	4800	8	345114.82	347113.25	0.99
F8	7500	2	213425.20	542328.7	0.39
F9	7500	3	295461.18	542328.7	0.54
F10	7500	4	329521.78	542328.7	0.61
F11	7500	5	358091.10	542328.71	0.66
F12	7500	8	371340.83	542328.71	0.68
F13	10000	2	216644.86	723052.07	0.3
F14	10000	4	350727.53	723052.11	0.49
F15	10000	8	391179.17	723052.17	0.54
F16	12500	2	219784.21	902311.89	0.24
F17	12500	4	361620.05	902433.12	0.4
F18	12500	8	392630.03	902581.26	0.44

用累计增油量和换油率两个指标来优选注气参数，其随日注气量及日产液量的变化关系如图 5–102 及图 5–103 所示。可以看出，在注气量相同的条件下，随着单井日产液量的增加，累计增油量和换油率先大幅度增加后趋于平缓；在产液量相同的条件下，随着单井日注气量的增加，累计增油量的变化幅

度不大，但换油率呈双曲形减小。从而优选出 F7、F12 方案。考虑到前期地层能量亏空大，F12 注气量大，累计产油也较大，因此较 F7 效果好。从换油率角度及地层亏空来考虑，F11 方案产液量较 F12 小，换油率增幅较 F12 大，因此连续注气优选单井日注气量为 7500m^3/d、单井日产液量为 5m^3/d 开采效果最好，预测生产 20 年，累计增油量为 35.81×10^4t，换油率为 0.66 t 油 /tCO_2。

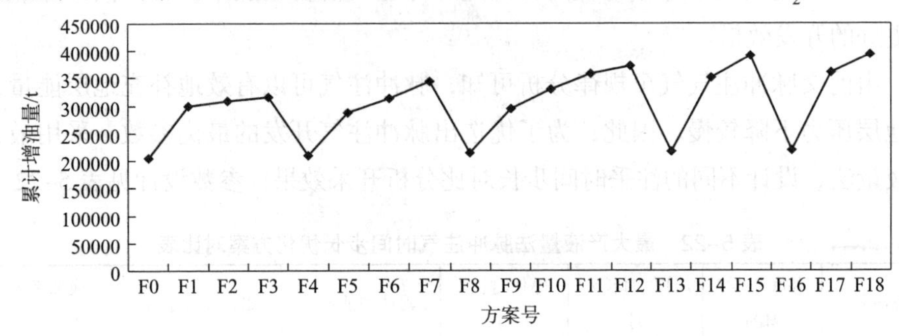

图 5-102　不同方案累计增油量变化情况

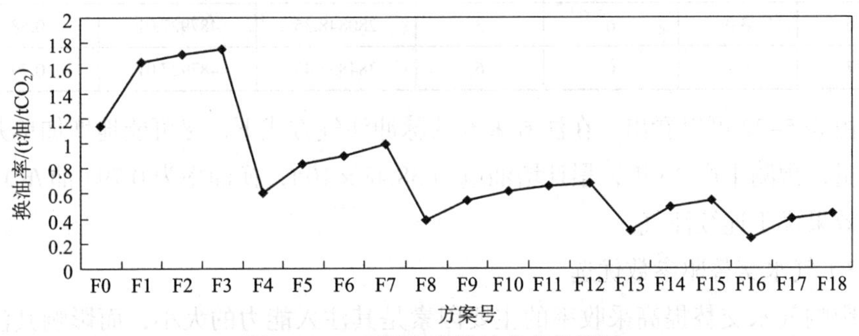

图 5-103　不同方案换油率变化情况

2）脉冲注 CO_2 驱参数优选

为了优选出脉冲注气开发的最优参数，在连续注气参数的基础上，设定单井日注气量为 10000m^3/d、单井日产液量为 5m^3/d。采用单因素变量分析法，对注气及开采时间步长进行优化，共设计 5 组方案，见表 5-21。

表 5-21　脉冲注气时间步长优化方案对比表

方案号	注气时长 / 月	停住时长 / 月	累计增油量 /t	累计注气量 /t	换油率 /（t 油 /tCO_2）
F0	3	3	257959.99	364177.01	0.71
F1	6	6	258172.00	364177.01	0.71
F2	12	12	259895.02	361207.01	0.72
F3	6	3	179158.51	487927.01	0.37
F4	6	1	80853.91	499205.30	0.16

由方案 F0~F2 可见，脉冲注气注气与停住时长相等时，累计增油量及换油率相差无几，即等时长注采效果与时长无关，只与注气量有关。由方案 F3、F4 可见，注气时间与开采时间的比越大，开采效果越差，所以脉冲注气要保证开采时间或者采液量，才能达到更好的效果。虽然脉冲注气的累计增油量比连续注气少，但是换油率却相对较高，因此脉冲注气需要增加单井日产液量才能达到更好的开发效果。

由前文脉冲注气气窜规律分析可知，脉冲注气可以有效地补充地层能量，使地层压力下降较慢。因此，为了优选出脉冲注气开发的最优参数，采用最大产液量法、设计不同的注采时间步长对比分析开采效果，参数设计见表 5–22。

表 5–22 最大产液量法脉冲注气时间步长优化方案对比表

方案号	井底流压 / MPa	注气时长 / 月	停住时长 / 月	累计增油量 /t	累计注气量 /t	换油率 / （t 油 /tCO_2）
F5	3.0	6	6	265447.42	364177.01	0.73
F6	3.0	6	3	280848.35	487927.01	0.58
F7	0.1	6	6	384851.43	487927.01	0.79

由表 5–22 可以看出，在注 6 采 6 的脉冲注气方式下，尽可能地增加单井日产液量，预测生产 20 年，累计增油量为 38.48×10^4t，换油率为 0.79 t 油 /tCO_2，开采效果优于连续注气。

3）气水交替驱参数优选

影响气水交替提高采收率的主要因素是其注入能力的大小，而影响其注入能力的参数主要有油藏润湿性、化学作用、圈闭、相对渗透率、残余流体饱和度、非均质性、各向异性、层理化作用。在强水湿储层中，注入水在毛管力的作用下首先进入小孔道；在混合润湿储层中，水先进入大孔隙再进入小空隙，注入气也优先选择阻力较小的大孔隙，这样就会导致注水能力下降。CO_2 气水交替驱对碳酸盐岩储层的改变不大，但是由于砂岩储层中多含炭质物质，这些物质在气水交替注入过程中随着 pH 值的变化不断溶解、运移、积聚，这就会对储层渗透率产生影响变化，从而影响注入能力。圈闭气体饱和度直接影响气水交替工程中水的分流量及注入量，高渗层圈闭气越高，注入水倾向于向小孔隙流动；与圈闭相关的还有水屏蔽问题，注入水流动过程包裹残余油，导致注入溶剂不能与油相接触，降低采收率。在油气水三相流动过程中，相对渗透率复杂，由于油气的存在，水相不能达到最大饱和度，而水相端点处相对渗透率对气相的注入能力有着很大的影响，气相端点处相对渗透率对注入能力的影响较小。残余油饱和度越高，注入能力越强，残余水相饱和度越高，注入能力越低。储层非均质性越强，需要较大的水气比才能提高采出程度（胥洋，2016年）。

延长油田特低渗储层开展气水交替驱室内实验研究。比较固定气液比（CO_2：水 =1：1；CO_2：水 =1：2；CO_2：水 =1：3）和变气液比（前期 CO_2：水 =1：1；后期 CO_2：水 =1：2）共 4 组方案，发现在固定气液比的情况下，随着水相段塞长度的增加，前期采出程度增加缓慢，但最终采出程度高；在变气液比的情况下，前期保证了原油增量，最终采出程度也很高，但是 WAG 方法中流动水可能会造成水屏蔽和 CO_2 旁通包油，引起重力分异致使采收率低于连续注气。重力分异作用随着地层倾角的变大而变大，因此 WAG 法不适合高角度超低渗砂岩储层（杨彪，2003 年；刘仁静，2010 年）。

结合前人的经验做法，本次研究设计参数优化方案主要从段塞比例大小、段塞尺寸大小、固定段塞比及变化段塞比等方面进行，设计方案如表 5–23 所示。

表 5–23　气水交替驱替参数优化方案设计表

方案号	气水段塞比例	气水段塞尺寸	累计增油量 /t
1	1：1	G1W1	358342.15
2	1：1	G3W3	358996.01
3	1：1	G6W6	359649.86
4	1：1	G9W9	361440.57
5	1：1	G12W12	364062.45
6	3：1	G3W1	390465.60
7	1：3	G1W3	313075.40
8	1：2	G3W6	331862.10
9	1：2	G6W12	335490.75
10	2：1	G6W3	380847.40
11	2：1	G12W6	383352.80
12	6：1	G6W1	402873.54
13	12：1	G12W1	408852.33

对比发现，相同段塞比例条件下不同气水段塞尺寸对累计增油量的影响不大（见图 5–104）；由方案 6、7 发现，气段塞比水段塞大，累计增油量高、开采效果好；因此，对比气水段塞比例大小对累计增油量的影响（见图 5–105），

发现气水段塞比例越大，也就是气段塞越长、水段塞越短，累计增油量越高，但是累计增油量上升幅度与气水段塞比例大小不是成线性正相关的，而是凸形正相关。当气水段塞比大于 3∶1 时，累计增油量幅度基本平稳，因此最佳气水段塞比为 3∶1。

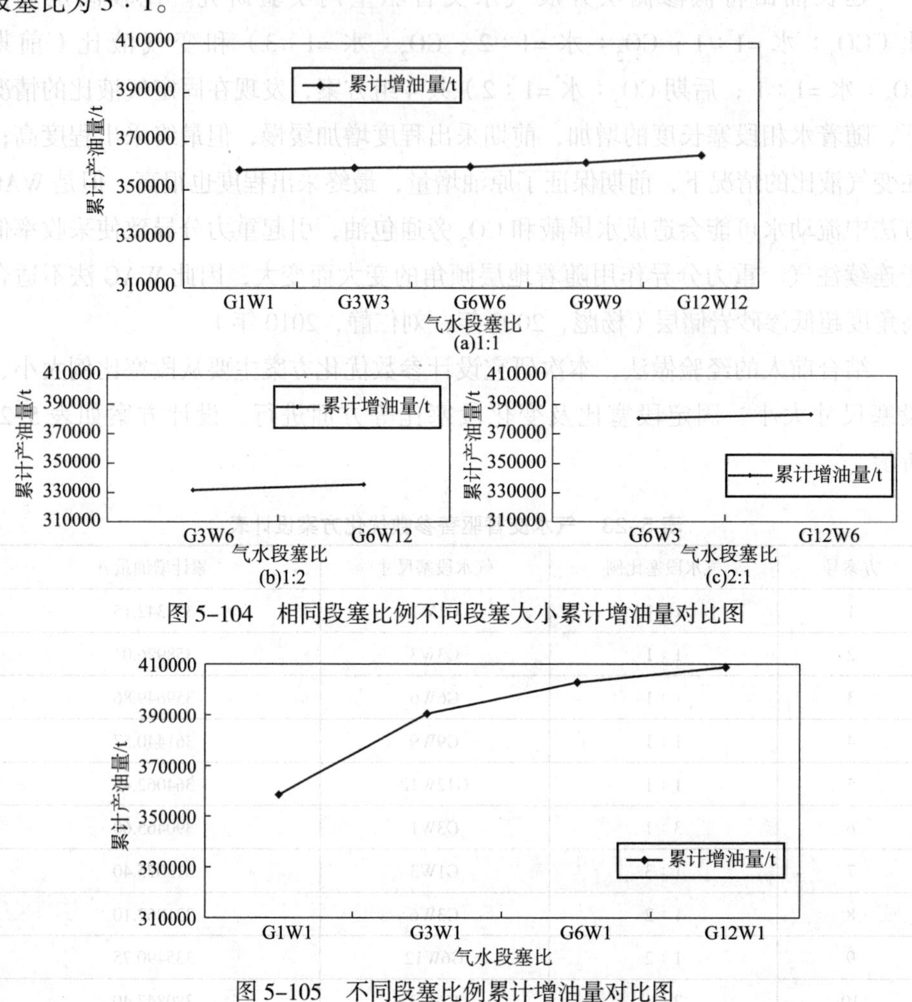

图 5-104 相同段塞比例不同段塞大小累计增油量对比图

图 5-105 不同段塞比例累计增油量对比图

综上所述，连续注 CO_2 驱在单井日注气量为 $7500m^3/d$、单井日产液量为 $5m^3/d$ 时，开采效果最好，预测生产 20 年，累计增油量为 35.81×10^4t；脉冲注 CO_2 驱在注 6 采 6 的脉冲注气方式下，尽可能地增加单井日产液量，预测生产 20 年，累计增油量为 38.48×10^4t；气水交替驱在气水段塞比为 3∶1 的条件下，单井日注气量为 $10000m^3/d$，单井日注水量为 $20m^3/d$，单井日产液量为 $5m^3/d$，预测生产 20 年，累计增油量为 39.05×10^4t。因此，该区采取气水交替驱的开采方式最好。

参考文献

[1] Haldorson H, Lake L. A new approach to shale management in filed scales simulation models [J]. The Journal of Petroleum Technology,1984,24（4）：1–4.

[2] Houlding S. 3D Geoscience Modeling：Computer Techniques for Geological characterization [M]. Berlin：Springer–Verlag,1994.

[3] Kulkarni M, Rao D. Experimental investigation of miscible and immiscible water–alternating–gas（WAG）process performance [J]. Journal of Petroleum Science and Engineering, 2005, 48（7）：1–20.

[4] Lao R, Kabir C, Lake L. Performance assessment of miscible and immiscible water–alternating gas floods with simple tools [J]. Journal of Petroleum Science and Engineering, 2014, 122（10）：18–30.

[5] NOLTE K. Evolution of hydraulic fracture design and evaluation [M]. In Reservoir stimulation. M. J. Economides（Ed.）. New York：Wiley. 2000.

[6] Duan X, Hou J, Zhao F, et al. Determination and controlling of gas channel in CO_2 immiscible flooding [J]. Journal of the Energy Institute, 2016（89）：12–20.

[7] Zahoor M, Derahman M, Yunan M. WAG process design an updated review [J]. Brazilian Journal of Petroleum and Gas, 2011, 5（2）：109–121.

[8] 杨大庆，尚庆华，江绍静．渗透率对低渗油藏 CO_2 驱气窜的影响规律研究 [J]．西南石油大学学报（自然科学版），2014，36（4）：137–140.

[9] 李东霞，苏玉亮，高海涛，等．CO_2 非混相驱油过程中流体参数修正及影响因素 [J]．中国石油大学学报（自然科学版），2010，34（5）：104–107.

[10] 李景梅．注 CO_2 开发油藏气窜特征及影响因素研究 [J]．石油天然气学报，2012，34（3）：153–156.

[11] 李东霞，苏王亮，高海涛，等．二氧化碳非混相驱油黏性指进表征方法及影响因素 [J]．油气地质与采收率，2010，17（3）：63–66.

[12] 李绍杰．低渗透滩坝砂油藏 CO_2 近混相驱生产特征及气窜规律 [J]．大庆石油地质与开发，2016，35(2)：110–115.

[13] 李绍杰．低渗透滩坝砂油藏 CO_2 近混相驱生产特征及气窜规律 [J]．大庆石油地质与开发，2014，35（2）：110–115.

[14] 杨潇，张广清，刘志斌．压裂过程中水力裂缝动态宽度实验研究 [J]．岩石力学与工程学报，2017，36（9）：1–6.

[15] 王友净，宋新民，田昌炳．动态裂缝是特低渗透油藏注水开发中出现的新的开发地质属性 [J]．石油勘探与开发，2015，42（2）：222–228.

[16] 邹吉瑞，岳湘安，孔艳军，等．裂缝性低渗油藏二氧化碳驱注入方式实验［J］．断块油气田，2016，23（6）：800–802.

[17] 王立群，黄凯，邓琪，等．渤海 M 油田注采系统渗透场特征及布井优化［J］．西南石油大学（自然科学版），2013，35（5）：99–108.

[18] 陈明强，张明禄，蒲春生，等．变形介质低渗透油藏水平井产能特征［J］．石油学报，2007，28（1）：107–110.

[19] 王珂，戴俊生，张宏国．裂缝性储层盈利敏感性数值模拟［J］．石油学报，2014，35（1）：121–133.

[20] 王建波，高云丛，王科战．腰英台特低渗透油藏 CO_2 驱油井见气规律研究［J］．断块油气田，2013，20（1）：118–122.

[21] 钟张起，薛宗安，刘鹏程，等．低渗油藏 CO_2 驱气水段塞比优化［J］．石油学报，2012，34（1）：128–131.

[22] 张绍辉，王凯，王玲，等．CO_2 驱注采工艺的应用与发展［J］．石油钻采工艺，2016，38（6）：869–873.

[23] 王维波，洪玲，田宗武，等．CO_2 泡沫体系性能改善方法的研究进展［J］．油田化学，2018，34（4）：749–754.

[24] 胡向阳，熊琦华，吴胜和．储层建模方法研究进展［J］．石油大学学报：自然科学版，2001，25（1）：107–112.

[25] 吴胜和．储层表征与建模［M］．北京：石油工业出版社，2010.

[26] 刘振峰．致密砂岩油气藏储层建模技术方案及其应用［J］．地球物理学进展，2014，29（2）：815–823.

[27] 王威．渤海南部渤中 A 油田储层三维地质建模与油藏数值模拟一体化研究［D］．西南石油大学，2013.

[28] 李宾飞，叶金桥，李兆敏，等．高温高压条件下 CO_2– 原油 – 水体系相间作用及其对界面张力的影响［J］．石油学报，2016，37（10）：1265–2172.

[29] 韩海水，袁士义，李实，等．二氧化碳在链状烷烃中的溶解性能及膨胀效应［J］．石油勘探与开发，2015，42（1）：88–93.

[30] 韩海水，李实，陈兴隆，等．CO_2 对原油烃组分膨胀效应的主控因素［J］．石油学报，2016，37（3）：392–397.

[31] 梁萌，袁海云，杨英，等 .CO_2 在驱油过程中的作用机理综述［J］．石油化工应用，2016，35（6）：1–4.

[32] 杨永超，尚庆华，王玉霞，等．延长油田乔家洼油区 CO_2 驱沥青质沉积规律研究［J］．石油地质与工程，2016，30（2）：142–144.

[33] 陈祖华，汤勇，王海妹，等．CO_2 驱开发后期防气窜综合治理方法研究［J］．岩性油气藏，2014，26(5)：102–106.

[34] 胥洋 . S 低渗油藏 CO_2 气水交替驱实验研究 [D] . 西南石油大学，2010.

[35] 章杨，章杨，张亮，等 . 高温高压 CO_2 泡沫性能评价及实验方法研究 [J] . 高校化学工程学报，2014（3）：535–541.

[36] 王维波，陈龙龙，汤瑞佳等 . 低渗透油藏周期注 CO_2 驱油室内实验 [J] . 断块油气藏，2016,，23（2）：206–209.

6 CO_2 地质埋存

6.1 目前研究概况

随着人口的不断增长和生活水平的不断提高，在能源需求不断增加的同时，与能源相关的 CO_2 排放量也日益增加。1994 年以来，我国 CO_2 排放量呈急剧上升趋势，2006 年中国的 CO_2 排放总量比美国多近 8%，首次成为世界上第一大 CO_2 排放国。2011 年，全球 CO_2 排放增量达 1.0×10^9t，其中 7.2 亿吨来自中国，其 CO_2 排放量比 2010 年增加 9.3%，是全球 CO_2 排放量增加最多的国家。因此，为了实现 2020 年我国单位国内生产总值 CO_2 排放比 2005 年下降 40%~45% 的目标，实施有效的减排技术势在必行。CO_2 驱油的过程中也具有封存 CO_2 的潜力，能够减少温室气体的排放量。国际能源署的一项研究预测显示，全球 CO_2 驱油过程中的 CO_2 封存量可达 6.1×10^{10}t（以美国 16 个 CO_2 驱油项目的平均利用率计算）。并且，在目前 CO_2 驱应用最广泛的得克萨斯西部的二叠纪盆地，大量的实践表明，在三采条件下，每增加 1 桶原油产量，平均有 6000 ft^3 的 CO_2 被封存在地下。因此，在 CO_2 提高原油采收率的同时，也能够为温室气体减排做出贡献。随着 CO_2 排放量和利用率的增加，CCUS（碳捕集、利用与封存）项目也在全球各地有条不紊地进行着。

6.1.1 国外 CCUS 项目研究概况

1）In Salah CO_2 埋存项目

位于阿尔及利亚的 In Salah 储存项目（见图 6-1），是由英国石油公司、挪威国家石油公司和 Sonatrach 公司联合运营的。这个项目是从 In Salah 油田接收 CO_2 的一个全面运作的世界开拓性的陆上气田。这个地层是一个枯竭的油气藏，在地下 1800m、1850m、1900m 发现，该项目自 2004 年开始运作。据估计，该地层的总容量约为 17×10^6t CO_2，在 2004 年至 2011 年期间，通过三口井，每天将近 4000t CO_2 注入 20m 厚产甲烷的石炭纪克雷赫巴砂岩地层。注入二氧化碳的成本约为每吨 6 美元，该 CO_2 埋存的总成本约为 27 亿美元。

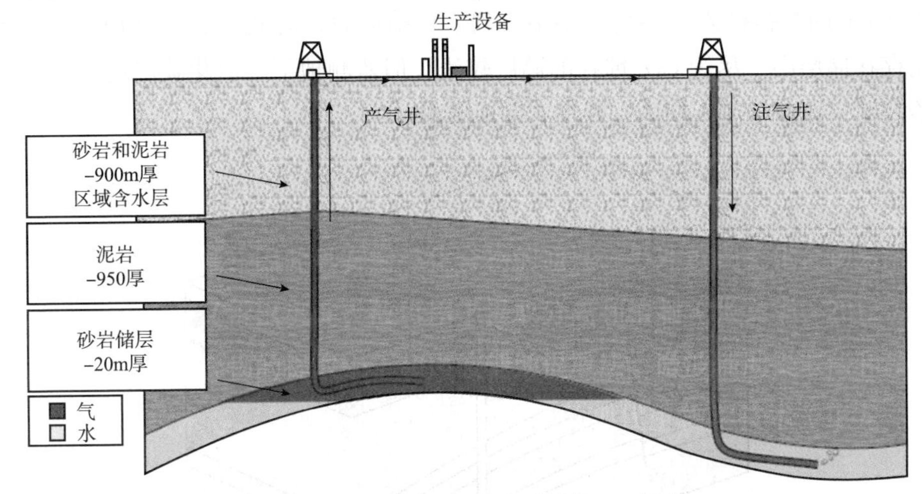

图 6-1　In Salah，Krechba 地层的 CO_2 埋存

In Salah 储存项目利用卫星干涉合成孔径雷达、时移地震和微地震数据，对项目现场进行了仔细的监测。所有收集到的监测数据，已用于定义或者更新工程项目的地质条件、水流动态及地质力学模型。2011 年 6 月，由于担心盖岩的完整性，暂停注入 CO_2。虽然有 CO_2 从储层迁移到覆盖层，但并没有考虑 CO_2 会泄漏到大气中。另外，Verdon 指出，注入 CO_2 引起了大量的地震活动。因此，对未来的注气策略进行了重新设计，并通过一个开发项目概述了全面的现场监测策略。虽然现场监测战略尚未在公开文献中充分披露，但新方案应包括一个详细的、经过改进的微地震监测阵列，提供实时和强化的动态反应监测，使操作人员能够迅速调整注入参数，以确保项目的安全运行。这种监测策略应同样提高对储层和覆盖层的地质及地质力学的了解。In Salah 项目的经验可用于了解世界各地其他正在进行或打算埋存在低渗储层中项目的 CO_2 的注入能力。

2）Ketzin CO_2 埋存项目

Ketzin CO_2 埋存项目位于德国 Ketzin，由赫尔姆霍兹中心波茨坦格夫兹德国地球科学与凯赞合作伙伴研究中心领导，于 2008 年启动，2009 年竣工。与其他项目相比，这个项目运行的时间相对较短，主要目的是将 CO_2 埋存在浅层，以便对其进行监测，从而为未来的政策和环境法规提供相关信息。这个项目是

欧洲第一个陆上 CO_2 埋存项目。一个陆相三叠系硅质碎屑岩单元——Stuttgart 地层（见图 6–2），以砂岩为特征，作为 CO_2 埋存储层。该项目的 CO_2 来源是一个制氢和氧化燃料的工厂（Schwarze Pumpe）。CO_2 通过管道输送，储存在地下约 630m 的含盐砂岩地层含水层中。到工程结束时，总共有 67271t CO_2 成功地储存在储层中。尽管 CO_2 埋存的储层较浅，但监测地下二氧化碳流动状况的经验表明，在整个注入期内，并没有发现渗漏。

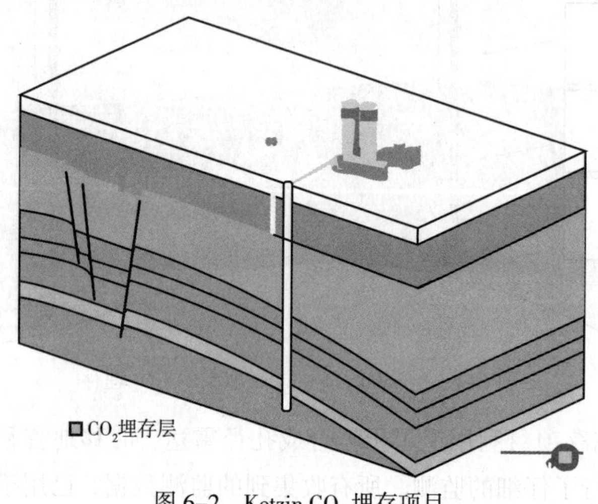

图 6–2　Ketzin CO_2 埋存项目

3）Sleipner 项目

Sleipner CO_2 埋存项目，位于北海中部（见图 6–3）。该项目是世界上第一个商业规模的 CO_2 注入项目。该项目的设想是规避挪威碳税。项目开始于 1996 年，通过在海底 800~1000m 发现的北海挪威咸水含水层进行埋存。CO_2 储集层是晚新生代的 Utsira 地层。Utsira 地层是 200~250m 厚的块状砂岩，自项目开始至 2015 年 6 月，注入了 15.5×10^6t CO_2。CO_2 的来源是位于斯莱普纳西部的天然气加工场捕获的 CO_2，上层 200~300m 厚的泥炭层起到盖层的作用，阻止埋存的 CO_2 运移到地表。

Mackenzie 研究表明，一个 50m 深的楔形封闭砂岩，它更靠近 Utsira 地层的下部封闭层，为储层提供了额外的储存能力。虽然没有证据表明海底有渗漏，但通过三维地震监测所证实的（见图 6–4），CO_2 羽流已经通过含水层内的 8 层薄页岩层上升，并在开始注入和储存后不到 3 年内到达盖层。页岩在增强油气混合和 CO_2 溶解方面非常有效，这将有望解决目前主要的挑战，并改善 CO_2 埋存项目在所有阶段和生命周期中的风险管理。

虽然像 Sleipner 这样的 CO_2 埋存项目确实在埋存方面获得了广泛的经验，但鉴于不同地区地层的非均质性，需要更深远的经验才能在选址、CO_2 驱和油藏管理、工作流程整合、监测和补救以及管理发展等领域更加成熟。

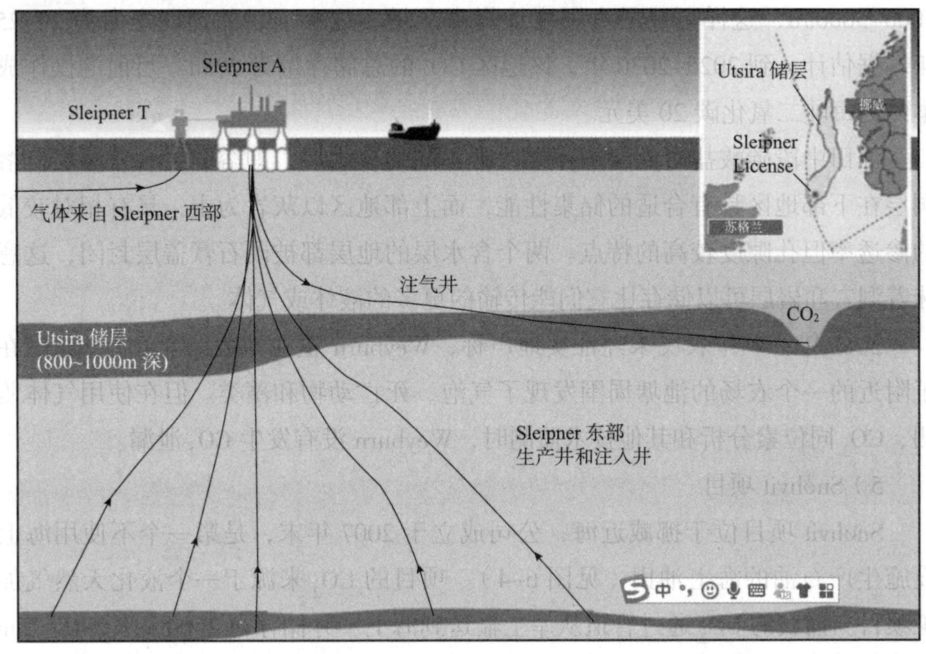

图 6-3 Sleipner CO_2 埋存项目

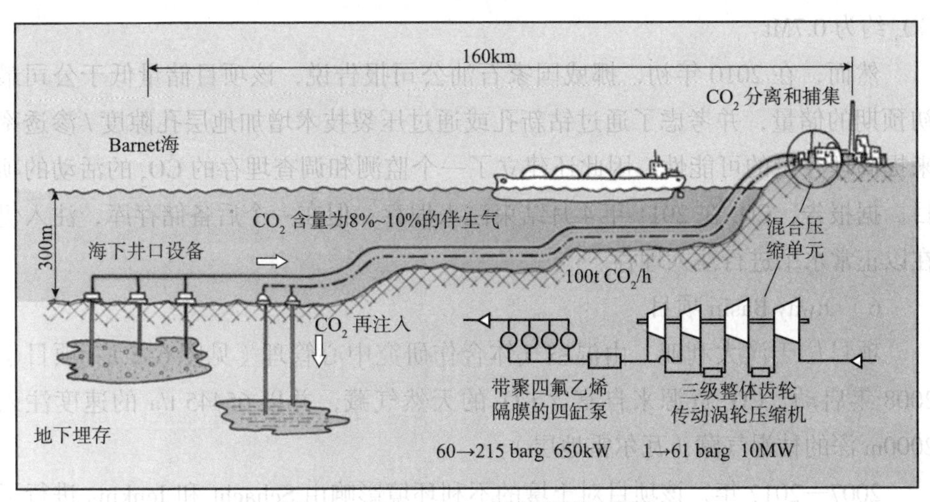

图 6-4 Snøhvit CO_2 埋存项目示意图

4）Weyburn-Midale 项目

Weyburn-Midale 储存项目位于加拿大萨斯喀彻温省南部，由 Cenovus

Energy、Apachecanada 运营。该项目的主要目的是增加石油产量（CO_2-EOR），并进一步研究和开发该地区。2000 年开始的 Weyburn-Midale 项目在 Alberta Carbon Trunk Line 项目之前一直是世界上最大的储存项目。注入 CO_2 的比率为 3000~5000t/d，这样可以最大限度地提高产量。这个项目的预期寿命为 20~25 年。据估计，到 2025~2030 年，该地区 CO_2 的总储存量为 20Mt。目前的操作成本约为每吨二氧化碳 20 美元。

油田中段碳酸盐岩储层中存在两种不同的含水层，即溶洞层和岩溶层。溶洞层在下部地区具有合适的储集性能，而上部地区以灰岩为主，具有相对较低的渗透率但孔隙度较高的特点。两个含水层的地层都被硬石膏盖层封闭，这意味着洞穴和岩层可以储存比它们能传输的更多的液体或气体。

2011 年，一位农民未经证实地声称，Weyburn 正在地表泄漏 CO_2，原因在于附近的一个农场的池塘周围发现了气泡、死亡动物和藻类。但在使用气体监测、CO_2 同位素分析和其他技术监测时，Weyburn 没有发生 CO_2 泄漏。

5）Snøhvit 项目

Snøhvit 项目位于挪威近海，公司成立于 2007 年末，是第一个不使用海上设施生产石油的海上油田（见图 6-4）。项目的 CO_2 来源于一个液化天然气加工项目。捕获的 CO_2 通过管道从岸上输送到海上，并储存在 2600m 深、45~75m 厚的含盐砂岩组储油层中。砂岩储层的总储量为 31~40Mt，每年安全储存的 CO_2 约为 0.7Mt。

然而，在 2010 年初，挪威国家石油公司报告说，该项目储量低于公司最初预期的储量，并考虑了通过钻新孔或通过压裂技术增加地层孔隙度 / 渗透率来提高埋存量的可能性。因此还建立了一个监测和调查埋存的 CO_2 的活动的项目。据报告，CO_2 在 2011 年 4 月结束注入埋存，但在一个后备储存库，注入仍在以正常水平进行注入埋存。

6）Otway Basin 项目

项目位于澳大利亚，由温室气体合作研究中心管理（见图 6-5）。项目于 2008 年启动，CO_2 资源来自富含 CO_2 的天然气藏，并以 65445 t/a 的速度注入 2000m 深的枯竭气藏（瓦尔雷地层）。

2007—2012 年，该项目对土壤的不利环境影响由 Schacht 和 Jenkins 进行了探索。同位素研究表明，土壤中的 CO_2 来源于生物，而且没有深层的 CO_2 源。注入的 CO_2 对项目场地内外的生态系统影响不大。为了了解地质力学过程、CO_2 羽流迁移、盖层完整性和断层再活化的可能性，该项目仍在进行监测和调查。

此外，对地震活动的初步研究表明，与 CO_2 注入和储存有关的潜在诱发地震活动是非常低的。

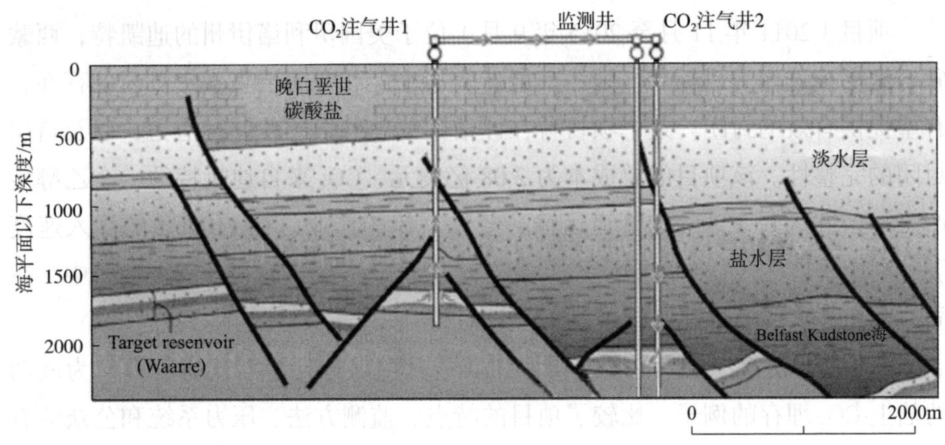

图 6-5　Otway Basin CO_2 埋存项目示意图

7）Cranfield 项目

项目位于美国密西西比州的 Cranfield 油田。在这个项目中，每年从密西西比州的杰克逊圆顶矿场，运送 1.5Mt CO_2，注入 Cranfield 油田下倾的塔斯卡卢萨砂岩层中。塔斯卡卢萨组是一个 15m 厚的河流沉积学非均质砂岩，位于地下 3000m 深处，分布广泛。

项目预计花费 9300 万美元，截至 2013 年 8 月共储存了 4.7 Mt CO_2。Anderson 等人调查了 2009—2014 年期间 Cranfield 项目工地的 CO_2 泄漏，通过土壤气体比率、轻烃浓度，稳定和放射性同位素的二氧化碳和甲烷、惰性气体和全氟化碳浓度等广泛的地球化学监测过程，表明虽然检测到一些气体，但它们的成因与地下 CO_2 储层无关。

8）Frio brine pilot 项目

项目位于得克萨斯海湾（美国），CO_2 来自休斯顿附近的南自由油田，CO_2 以两相注入地层。2004 年进行 10 天注入（1500m 深处注入 1600t CO_2），2006 年进行 5 天注入（1600m 深处注入 250t CO_2）。在该项目实施之前，美国的 CO_2 储存经验仅限于碳氢化合物的形成。本项目的主要目的是，证明注入盐水层中的 CO_2 不会对健康和环境造成不利影响，探索注入 CO_2 的地下行为，并为在高渗透、高容积的砂岩进行大规模注入示范积累必要的经验。项目于 2006 年成功完成后，建议在贮存区以上进行渗漏监测，作为对近地面或地面监测的补充。该项目的一个主要成功之处在于，利用向下采样技术检测注射示踪剂和水化学变化的现场分析很容易实现瞬时测量。

9）Decatur 项目

项目（2011 年 11 月至 2015 年 9 月）位于美国伊利诺伊州的迪凯特，西蒙砂岩地层被选定为目标层，因为其最佳的盐水汇和覆盖层克莱尔页岩的存在，有望提供有效的封闭。这个项目旨在评估西蒙山砂岩层的储存潜力，以及盖层封闭的完整性。该项目的总成本为 2.08 亿美元，CO_2 来自迪凯特的一个乙醇生产工厂，并通过 1.9km 的管道运输。经过一年的作业，在 1100t/d 的注入速度下，利用单口注入井向地层注入了 31.7×10^4t CO_2。据透露，在后续项目中，在同一含盐含水层中可额外储存 3~4.5Mt CO_2。

斯特雷贝尔等人将 Decatur 项目和 Ketzin 项目进行了对比研究，作为成功的陆上 CO_2 埋存的例子，比较了项目的特点、监测方法、压力系统和公众的看法。这两个项目的目的是示范 CO_2 在盐水含水层的埋存，但在不同的河流沉积系统、储层温度和压力条件下；注入速度，特别是埋存的 CO_2 量，Ketzin 项目约为 Decatur 项目的 15 倍。研究结果表明：① Decatur 项目储层厚度较大，但 CO_2 羽流相对较薄，地球物理探测具有挑战性；② Ketzin 项目储层较薄，CO_2 羽流较厚，易于地球物理探测；③ Decatur 项目的地质力学条件，结合注入速率和压力，诱发了微震活动，但 Ketzin 项目没有发现这种活动；④ Decatur 项目地质力学条件诱发的微震活动是沿着先前存在的薄弱面进行的，不能用地球物理工具探测到；⑤项目发展商认识到需要监测浅层地下水和土壤通量，但他们也建议，如果出现封闭或井漏的情况，则需要进行地表下采样、压力监测和套管测井。

10）Zama 项目

Zama 项目位于加拿大阿尔伯塔省 Zama 市附近，该项目于 2006 年启动，目的在于展示注入工业酸性气体用于烃类回收，以降低 CO_2 净化成本。CO_2 流含有 70% 的 CO_2 和 30% 的 H_2S，来源于一个气体加工厂。Zama 项目预计运行 18 年，储存 1.30Mt CO_2 和 0.5Mt H_2S。自 2006 年以来，已经埋存了 $8 \times 10^4 H_2S$，这使得采收率超过 3.5 万桶石油。

将 CO_2 和 H_2S（酸性气体）共同注入地质层进行永久埋存，在环境和经济上都是有益的。本宁和巴楚研究了 CO_2 及 H_2S 原位储层条件对加拿大阿尔伯塔省瓦巴蒙湖地区晶间砂岩渗透率的影响。研究表明，H_2S- 饱和卤水 - 岩石相互作用比 CO_2- 饱和卤水 - 岩石相互作用更具侵蚀性。此外，重要的是注入混合气体，特别是 CO_2-H_2S，已被证明是安全的，并且在相当大的程度上是可行的。然而，还必须通过短期效应实验研究和长期预测数值模型，进一步探讨酸性气体注入的影响及其对目标层物理储层质量的影响。

6.1.2 国内 CCUS 项目研究概况

国内针对 CO_2 埋存技术的研究起步较晚，目前工艺尚不成熟，直到 2008 年 CGS 技术才被列入国家“863”计划，引起各方面的重视。目前，国内实施 CCUS 的项目主要集中在鄂尔多斯盆地陕北地区。据报道，截至 2014 年已埋存 150000t 的 CO_2。虽然现场埋存的项目不多，但是关于 CO_2 埋存技术的室内研究也有诸多学者进行了分析。

刘烨（2012）通过对比两种回归预测技术建立了一种 CO_2 4D 地震监测方法，该方法具有广泛的适用性。吴倩（2014）通过建立模糊条件下 CO_2 埋存的区域优化模型，指出埋存技术应选址在气源较广的天然气加工领域。王秀宇等（2015）研究了 CO_2 埋存过程中海水 -CO_2- 岩石反应对埋存的影响，发现饱和水的超临界 CO_2 会与岩石发生物理化学反应，从而改变岩石的润湿性、相对渗透率和毛管力，影响埋存能力。Xie 等（2015）应用三维数值模型，对鄂尔多斯盆地低渗海水储层埋存 CO_2 进行了羽流动力学和压力传播预测，并对储存安全性进行评估，指出 CO_2 注入导致的储层内压力抬升远低于引起密封盖层破裂的阈值。Yu（2015）等人针对松辽盆地高含水油藏进行了 CO_2 埋存过程中岩石学特征的变化及运移模拟，指出注入 CO_2 后，主要固溶矿物为铁白云石和片钠铝石，主要溶解矿物为钠长石、钾长石和方解石；CO_2 在砂泥岩界面形成致密的碳酸盐岩壳，有效地延缓了 CO_2 向盖层的扩散。Wan（2017）等针对鄂尔多斯盆地进行了盐水溶解埋存 CO_2 的机理研究，指出 pH 值是影响 CO_2 溶解埋存能力的主要因素。马鑫（2019）等研究了黏土矿物含量对 CO_2 地质埋存体盖层封闭性的影响，指出盖层中黏土矿物含量越高，渗透率越低，有效封存厚度越大，但是并未指出黏土矿物对 CO_2 埋存的影响原因。Jing（2019）等针对构造埋存利用 3D 模型研究了低孔渗鄂尔多斯盆地储层倾角及水盐度对 CO_2 运移分布及安全埋存的影响，发现地层倾角越大，CO_2 运移距离越大、埋存量越小，指出 CO_2 埋存应选址在地层倾角及水盐度较小的地点进行，这样有利于 CO_2 的长期埋存。成岩作用一般都在碱性条件下生成，温度压力变化对水盐 -CO_2 反应产生影响，Liu（2020）等研究了 CO_2 地质埋存过程中，温度压力变化对不同成熟度煤层中孔隙结构的影响，指出 CO_2 地质埋存对高阶煤主要为宏观影响，低阶煤为微观影响，储层孔隙体积随着温度压力（深度）的增加而增加，从而埋存更多的 CO_2。

6.2 主要埋存机理

6.2.1 CO_2 埋存形式

总结前人的研究结果可以了解，CO_2 地质埋存形式主要有构造埋存、束缚（残余）埋存、溶解埋存和矿物埋存，如图 6-6 所示。

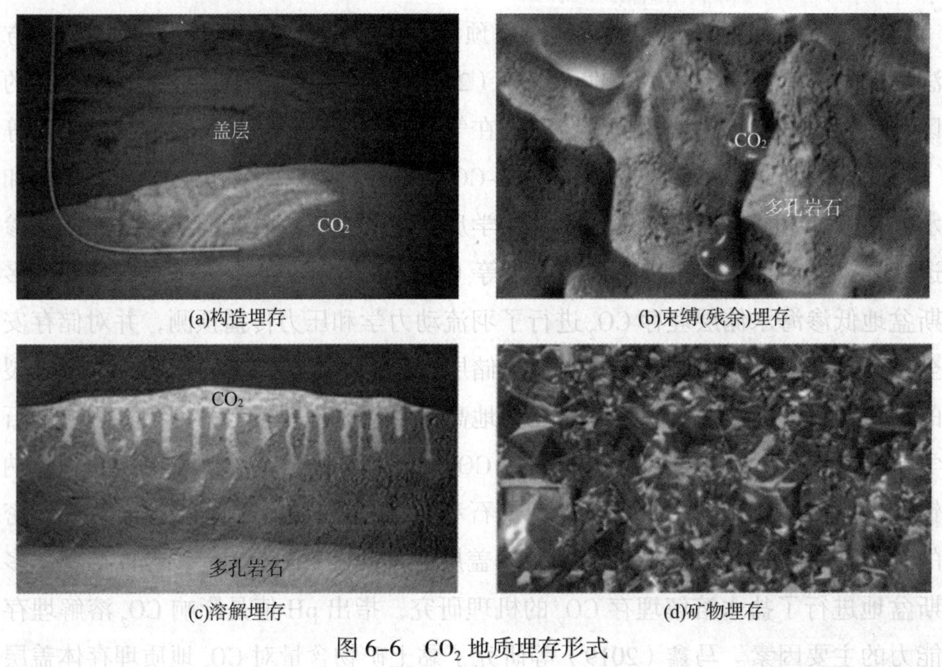

(a)构造埋存 (b)束缚(残余)埋存

(c)溶解埋存 (d)矿物埋存

图 6-6 CO_2 地质埋存形式

构造捕集：一旦注入 CO_2，它可以上升到地质构造的顶部，并保持在密封的顶部封闭层之下。此时，CO_2 作为高密度的自由相储存，不能进入盖层的孔隙空间，除非通过缓慢的扩散或通过断层［见图 6-6（a）］，这也是最主要的捕获机制。

束缚（残余）捕集：在这个机制中，注入的 CO_2 在流体穿过多孔岩石时，首先置换流体。随着 CO_2 的继续运动，被置换的流体返流，将剩余的 CO_2 困在孔隙空间内，如图 6-6（b）所示。据报道，这种现象不会发生在构造和地层圈闭内，而只发生在 CO_2 注入过程中水驱的地方。

溶解埋存捕集：在这个机制中，CO_2 溶解在盐水中，减少了游离相 CO_2 的体积，如图 6–6（c）所示。CO_2 溶解增加了盐水密度，引起重力不稳定，加速了注入 CO_2 向 CO_2 贫盐水的转移。

矿物捕集：在这个机制中，CO_2 与岩石中的盐水和矿物的地球化学反应导致碳酸盐相的沉淀，有效地将 CO_2 锁定在地质时间尺度上的不活跃的次生相，如图 6–6（d）所示。这个过程比溶解捕集要慢，而且需要更长的地质时间。

6.2.2 CO_2 埋存方案

目前 CO_2 埋存主要分为地下埋存、深海埋存、矿化埋存等，其中地层埋存包括盐水埋存、废弃油气藏埋存、CO_2 水合物及玄武岩地层。

1）地下 CO_2 埋存

地下地质埋存被认为是最可行的方法，主要由于经济方面、可到达的地点（在海洋和矿物封存的情况下），以及与埋存的 CO_2 安全有关的因素，以及矿化和海洋储存对环境的负面影响，使地质储存成为优先的固碳战略。

（1）盐水埋存。在盐水层中埋存 CO_2 被认为是最可行的技术部署方案之一，可能是因为它提供了最大的潜在储量。此外，大多数盐水层目前不适用于其他协同或相互冲突的应用，特别是在人口稠密的国家。然而，从经济角度来看，由于缺乏必要的基础设施，如注水井、地面设备和管道，以及与发展此类基础设施相关的资本成本，许多盐水层目前作为储存选择的可取性较低。

世界各地已经开展了许多关于盐水 CO_2 埋存的研究，主要是与油田 EOR 联合进行的。这些研究涉及的因素包括选址准则、选址特征和未来规划，以及地下水协同作用或划分用途的变化。

研究显示，世界上所有深层的（大于 1000m）盐水层都位于沉积盆地内。这样的盆地可以容纳大量的 CO_2，因为它们的大孔隙体积和高渗透率使得注入井的数量最小化，并减少了压力消散。一旦超临界 CO_2 进入储层，它将驱替孔隙中的盐水，然后开始与地层中的地下水、气体和岩石反应，最终导致新矿物的沉淀或原存在矿物的溶解。矿物的形成和溶解会影响岩石孔隙度，从而改变储集层的储集能力。

盐水储层中超临界 CO_2 的密度为 0.6~0.7g/cm^3，低于盐水的密度，因此在浮力作用下，CO_2 向盖层上升。为了确保 CO_2 能够长期埋存，容盆必须相当大，盖层必须具有良好的封闭能力。Fleury 等人将盖层定义为在 CO_2 储集层之上的低渗透、超低渗透的地层，以确保不会发生 CO_2 迁移，这种低渗透的盖层最大限度地减少了 CO_2 泄漏。未识别的压裂或断层活动的存在，是可能导致盖层完整性丧失和 CO_2 泄漏的另一个关键因素。然而，原生裂缝对盖层完整性的影响还有待进一步研究。

（2）废弃油气藏埋存。在枯竭油气藏中埋存 CO_2 认为是可行的，因为它具有以下几个优点：①枯竭油气藏在烃类开采前和开采期间已得到广泛研究，包括储存能力；②地面和地下基础设施（例如注入井和管道）已经存在，可以在不需要或只需稍做修改的情况下就可用于埋存过程；③注入诸如 CO_2 等气体作为一种 EOR 技术已广为人知并得到应用。

枯竭油气藏中埋存 CO_2 与盐水埋存类似，因为二者的岩石类型相似，且油气藏中也含有盐水。另外，油气藏注 CO_2 在埋存的同时还可以提高采收率，这就使得废弃油气藏埋存 CO_2 比盐水埋存在经济上更受欢迎。由于全球油田采收率平均约为 40%，因此油藏中往往剩余大量的石油，这也是在世界各地提高原油采收率的主要动力。然而，尽管其中一些不确定性可以在油田勘探或生产的初期阶段加以考虑和处理，但技术部署方面的挑战仍然存在（主要是井下环境的动态特性）。

CO_2-EOR 项目接下来发展的要求主要有：①收集有关盖层完整性和弃置油井的关键资料，以确定泄漏的风险，从而了解埋存点的特征；②加强监测和实地监察，以确定或估计地点的泄漏评级，以评估储存地点的储存情况是否符合预期；③修油气藏改弃置过程，例如拆除 / 改装油井的任何组件，以确保这些组件能承受腐蚀的影响。

CO_2 流中杂质的类型和含量是在 CO_2 埋存项目实施之前需要注意的重要因素之一。CO_2 流中的杂质取决于 CO_2 源及其相应的捕获技术。可接受的杂质及其浓度是根据运输、储存和经济相关参数的组合来确定的。通常，CO_2 流的最低可接受纯度是 90%。杂质含量增加意味着需要更高的操作压力。此外，据报道，杂质往往导致 CO_2 埋存程度的减少。

与杂质相关的主要问题就是腐蚀。腐蚀性杂质（如 CO、NO_2、SO_2、H_2S、Cl）可以显著影响运输和注气设备；因此，必须根据具体情况限制杂质含量，并针对潜在的挑战制定可行的缓解策略。应该指出的是，虽然有些杂质在本质上是易燃的（如 CO、H_2、H_2S、CH_4），但由于这些杂质的浓度相对较低，在评价安全程序时通常不考虑这种易燃性的安全问题。CO_2 中过高的 O_2 浓度是影响 CO_2 驱油效率的另一个因素。CO_2 的存在可以引发储层中的微生物活动，并最终导致如注入堵塞、原油降解和原油源化、石油酸化等操作问题。

加拿大 Weyburn–Midale CO_2 埋存项目是 Weyburn 油田成功、有效地利用捕获的 CO_2 进行增产和埋存的实例之一。这个项目不仅额外回收了相当数量的原油，而且油田的生命周期延长了 20~25 年。根据 Weyburn 案例历史进行的 CO_2-EOR 研究主要集中在长期监测、诱发地震、CO_2 对储层影响的核心评价以及地层水、石油和矿物的相互作用。Cantucci 等利用 Weyburn 案例历史，建立了深层储层 CO_2 封存的地球化学模型，并研究了盐水 / 油的地球化学平衡。他们评估了 CO_2 注入过程中的储层演化，并预测了 100 年以上的降水和溶解过程。他们发现，CO_2 和碳酸盐溶解是储层中主要的化学反应，这在模拟的第一年内就发生了。此外，随着时间的推移，化学特征的演变表明，CO_2 可以通过矿物和可溶性捕获两种方式而得以安全储存。

（3）玄武岩地层。在大火成岩省中发现的深层玄武岩形成，已被提议为 CO_2 埋存的潜在选择。玄武岩形成了大约 8% 的大陆和大部分洋底。因此，在玄武岩中有巨大的 CO_2 储存能力。它们储存 CO_2 潜力的关键是它们的高反应性和二价金属离子在这种岩石中的丰富性。然而，玄武岩流具有高度非均质渗透性和孔隙度（包括基质和裂缝），通常中心部位为低渗透区，在上部和下部具有高渗透区。因此，玄武岩层序储集 CO_2 的关键部位是单岩流之间的碎屑岩带。

向深埋的玄武岩中注入游离态 CO_2 可以驱替孔隙空间和裂缝中的水。水量的减少会阻碍玄武岩的碳化和水合作用。因此，在同一储层中注入适量水和二氧化碳可能是一种解决办法。Goldberg 等人研究了在深海玄武岩中注入 CO_2，并报告说：①相对较短的地质时间内可形成稳定的碳酸盐，并延迟 CO_2 返回大气层；②提供足够的深度，使 CO_2 液体下沉；③停止通过非渗透性的沉积物覆盖向上迁移；④ CO_2 逸出到温度较低且含水的的浅层时，形成稳定的 CO_2 水合物。值得注意的是，少量的 CO_2 泄漏并不一定会影响海底环境。

由于次生碳酸盐矿物的形成以及长期捕获玄武岩中 CO_2 的可能性，考虑岩石体积的变化，并确定裂缝是否有闭合的可能性就显得十分重要。Van Pham 等对这样的问题在数值上进行研究并报告说：在 40℃时，钙被氧化物大量消耗，这可能仅限于形成菱铁矿和碳酸铁镁；然而，在 60~100℃的较高温度下，菱镁矿与铁白云石和菱铁矿共同形成。他们还发现，碳化反应和水合反应都会导致固体体积增加和可用孔隙的堵塞，从而导致最大储存量的 CO_2 减少。

玄武岩形成的盖岩层中是否存在裂缝也是一个不确定因素。CO_2 有可能通过裂缝渗漏，这可能意味着玄武岩似乎不适合储存 CO_2。另外，通过裂缝迁移的 CO_2 在到达地表之前可能经历矿化作用，并埋存在地层中。因此，需要对 CO_2– 玄武岩相互作用的动力学特征进行全面的探索。

（4）CO_2 水合物。CO_2 水合物在有水和适当的压力及温度条件下可以迅速形成，因此将 CO_2 作为水合物进行地下埋存也是一个很有前途的新方法，目的是利用 CO_2 水合物将 CO_2 分子困在水分子晶格中。CO_2 水合物的形成既适用于地下地质，也适用于海洋储存。然而，由于水合物只有在压力和温度低于 10℃ 时才稳定，其适用性仅限于少数环境，包括寒冷水域下的浅层沉积物，以及附近可能没有大量 CO_2 来源的厚冻土层下的浅层沉积物。

CO_2 水合物储存机理主要是，在大量浮力驱动下迁移的液态 CO_2 上部形成不渗透的 CO_2 水合物盖层。在这种方法中，液态 CO_2 被注入深水或亚永冻层沉积物中，位于 CO_2 水合物稳定区之下。升高的液态 CO_2 向较冷的水合物稳定区迁移，导致 CO_2 水合物在岩石孔隙空间中沉淀，并形成非渗透性的 CO_2 水合物层，阻止液态 CO_2 向上运移。另外，美国能源部提出了一种基于 CO_2–EGR（增强气体采收率）的水合物储存策略。在这种方法中，将 CO_2 注入含甲烷水合物的沉积物中，以便从甲烷水合物中释放出甲烷，随后形成 CO_2 水合物。然而，CO_2–EGR 是一个相对较新的概念，其可行性还没有得到充分的探讨。与 CO_2–EGR 相关的一个主要问题是注入的 CO_2 与现有的甲烷混合的可能性，这反过来又能降解资源。

CO_2 水合物的埋存技术成熟度仍然相对较低，大部分工作集中在理论模型和实验室规模的实验上，因此，仍然存在不确定性。特别是在 CO_2–EGR 方面，钻穿水合物的沉积物可以改变当地的温度和压力，并可能最终破坏水合物的稳定。为了推进水合物储存可行性评价，需要解决的关键问题是水合物盖的形成论证，以及 CO_2 水合物与甲烷的交换机理及其对甲烷生产的影响的认识。

2）深海埋存

另一种 CO_2 埋存的方法是有意将 CO_2 注入深海水中，实现深海埋存。海洋覆盖地球表面的 70%，平均深度为 3800m，在工业时期从大气中吸收了几乎三分之一的排放量。数学模型表明，注入的 CO_2 可以在海洋中存留数百年，这些寒冷（大约 1℃）的海（4000~5000m）海水移动缓慢，可以在千年内与大气保持隔绝。

海洋储存的主要机理是将 CO_2 溶解到海水中。其中的一种方法是，将液态 CO_2 直接排放到海底，形成上升的液滴羽流。或者，将液态 CO_2 注入，CO_2 可以与海水反应，反应速度可控，形成水合物。然而，由于 CO_2 注入点附近的海水可能出现局部酸化，以及相应地对底栖生物可能造成负面影响，对深海 CO_2 的埋存存在反对意见。此外，目前尚不清楚国际法规是否允许海洋储存项目。1996 年，伦敦公约指出禁止向海洋中倾倒工业废料，因此，如果 CO_2 被认为是工业废弃物，就将被禁止排入海底，然而，对于 CO_2 是否被视为工业废物尚未达成一致意见。尽管 2006 年对《伦敦议定书》做了一项修正，将 CO_2 列入“反向清单”，允许考虑在海底埋存 CO_2，但是《保护东北大西洋海洋环境公约》指出：“只有在缔约方主管当局授权或许可的情况下，才能在海底埋存 CO_2。”因此，需要评估与海洋固碳及其环境方面相关的不确定性，并确定可能的解决策略。

可用于评价海洋固碳效率的主要参数是注入深度、滞留时间（CO_2 返回大气的时间）和 CO_2 浓度分布。徐等通过建立一个混合参数的区域海洋大气环流模式，并假设海气 CO_2 交换为零，研究了在北太平洋储存 CO_2 的潜力。研究结果表明，储存深度是隔离储存的 CO_2 和最大限度地减少其返回大气的关键参数之一。经确定，要在海洋中储存几百年的 CO_2，注入深度必须超过 1000m。此外，经过 50 年连续注入 CO_2（在不同地点，最大深度为 5750m）后，超过 10% 的溶解 CO_2 会返回大气层，这可被视为一个泄漏源。根据几种情况下的脉冲注射的平均停留时间，采用循环模型来评价储存效率。结果表明，大西洋北部在几百年甚至更长的时间内对 CO_2 的吸收效率更高，而太平洋盆地在较短的时间内效率更高。值得注意的是，这项研究基于相对较小的量级，忽略了海气 CO_2 交换的影响，然而对于较大的边界，这种影响的重要性是未知的，需要进一步调查。

根据上述讨论，今后的研究需要考虑和处理若干改进及不确定性，以便加强对海洋固存的评价，包括：①改进现有的数值模型，增加一个海气 CO_2 交换机制，以便更好地评价埋存效率；②进一步研究海洋选址标准的确定和量化；③进一步量化和证明在太平洋运输大量 CO_2 的可行性。

3）矿化埋存

CO_2 矿物碳酸化（矿化）的概念作为 CO_2 埋存的替代策略是由 Seifritz 首先

提出的。在这种方法中，捕获的 CO_2 通过矿化过程被隔离，CO_2 与碱土金属氧化物或氢氧化物反应，例如与富含钙和镁的矿物发生反应，生成稳定的碳酸盐。

矿物碳酸化有两种方法：原位和非原位。原位矿化是通过向地层注入 CO_2 产生碳酸盐，而非原位矿化是在地面上的工业厂房利用当地的岩石进行。在富含镁、铁和硅酸钙的玄武岩或蛇绿岩中，通常认为存在原位矿物碳酸化作用。原位矿物碳酸化法的主要优点在于不需要大规模开发，因为过程只需要几个钻孔。另外，可能存在重大的不确定性，如缺乏地质特征、存在未知盖层或封闭能力。此外，地球化学反应可能导致反应性、孔隙度和渗透性降低。非原位矿物碳酸化可以通过直接（气体和水基）或间接过程来进行。在直接以气态为基础的方法中，气态 CO_2 与矿物反应生成碳酸盐。气固碳化反应一般发生在650℃以下，主要的限制因素是反应速率和岩石储存能力。在以液态为基础的方法中，CO_2 在一个水溶液中与矿物反应，通常在一步完成。

Matter 和 Kelemen 利用天然类似物进行矿物碳化作用，研究地质储层中永久性的 CO_2 埋存。结果表明，富含镁和钙矿物的寄主岩石中矿化率很高，碳酸盐矿物的沉淀可以堵塞预先存在的空隙，但快速沉淀引起的应力也可能导致压裂和孔隙体积增加。当地的环境也可能因开采而受到影响，因为某些类型的富含钙和镁的矿床可能损害健康的杂质。

虽然氧化镁（MgO）和石灰（CaO）是含量最丰富的碱金属和碱土金属氧化物，但它们在自然界中并不以二元氧化物形式存在，通常以硅酸盐的形式结合在一起，如蛇纹石。Cipolli 和 Bruni 等人研究了热那亚（意大利）泉水中蛇纹石与 CO_2 的相互作用。通过对蛇纹岩高 pH 值水体的地球化学分析和含蛇纹岩含水层的固碳反应路径模拟，Cipolli 等人证实了超镁铁质岩石与大气降水的渐进反应受蛇纹岩化作用的影响。由于体系暴露于 CO_2，最初导致了 $MgHCO_3$ 水型的生成，随后在高度还原的封闭系统条件下与岩石进一步相互作用形成 $NaHCO_3$ 和 CaOH 型水体。通过反应路径模型模拟高压注入深层含水层的 CO_2，结果表明，由于碳酸盐矿物的形成，蛇纹岩具有良好的 CO_2 吸附能力。应当指出，在封闭系统条件下，这一过程导致含水层孔隙度减少。也就是说，这种影响需要通过进一步的现场和实验室测试来仔细评估。Bruni 等人报告说，许多中性的 $MgHCO_3$ 和一些高 pH 值的 CaOH 水体与蛇纹石有关。他们探索了在开放和封闭的系统条件下使用蛇纹石溶解和方解石沉淀来长期固定 CO_2 的可行性。研究表明，这些来自大气降水的水体（水的稳定同位素、溶解氮和氩）之间的相互作用，水相的化学组成由未成熟富镁相、低盐度 SO_4Cl 相、中间 $MgHCO_3$ 相和一些成熟 CaOH 相逐渐演化。此外，高 pH 值的 CaOH 水可以吸收 CO_2 并形成方解石沉积，这个过程可以用于人类活动产生的 CO_2 的固存。

根据调研，今后评价矿物碳酸化固存 CO_2 可行性的研究可以集中在：①矿物和 CO_2 溶解的矿物碳酸化作用；②产物层扩散；③较少地形改变的可能性；④固存过程中处理矿物杂质。

6.2.3 埋存影响因素

1）地质因素

沉积盆地是目前最适合 CO_2 埋存的，因为沉积盆地含有合适的孔隙度和渗透率，常常位于或靠近发电站和能源密集型工业。这意味着 CO_2 源和储存点之间距离的重要性，以便最小化运输成本。因此，对于不靠近理想沉积地层的 CO_2 点源，可以通过选择替代埋存方案来避免高昂的运输成本。

CO_2 埋存储层评价的关键地质参数包括储层体积、孔隙度、渗透率、压力和温度、波及系数（这是地层非均质性的函数）、盖层渗透率、进入和破裂压力、再活化矿质量、地层厚度、CO_2 在咸水中的溶解度、发震断层的可能性和应力状态。注入能力是另一个用于评价埋存储层的经济和技术适用性，以及提高储存安全性的因素。注入能力本身是几个参数的函数，如垂直和水平渗透率、岩石压缩系数、有效厚度、储层非均质性、储层和裂缝压力以及注入深度。

2）地热梯度

随着深度的轻微变化，地热梯度可以导致 CO_2 进入超临界状态（7.38MPa，31.1℃）。假设沉积盆地内的压力分布是静水压力，在地热梯度为 30℃/km、表面温度为 10℃的超临界状态下，注入 CO_2 的相关最小阈值深度约为 800m。然而，各个盆地的水动力和地热条件并不总是一成不变的，对于同一个盆地来说，不同地点的地热条件也不一样。沉积盆地的地热状况的限制因素可能包括：盆地类型、时代和构造作用，基底热流，沉积序列中的热导率和生热量，以及沉积序列顶部的温度。

3）水动力因素

地层水的水动力状态（包括局部压力、矿化度和流速）对于 CO_2 的埋存至关重要，尤其是在枯竭油气藏注入 CO_2 时，CO_2 羽流在储层中的运动受到水动力圈闭的影响。盆地类型与形成水流关系密切，例如：陆内和前陆盆地经历了一定的隆升和侵蚀，地层水流受横向和纵向侵蚀反弹的影响，这可以使含水层压力降低，就像在加拿大的阿尔伯塔盆地所看到的那样。低压地层是地质封闭和储存 CO_2 的最佳地层，因为它们在注气过程中中更有能力应付不断增加的压力。断层的水动力系统及其渗透性结构的作用仍有待于作为断层体内部封闭作用的结果来评价。

4）油气潜力与盆地成熟度

在已知资源潜力有限或没有资源潜力的盆地（如油气藏）中，有几个原因可能限制 CO_2 的埋存：①大多数油气资源仍未被发现，因此存在污染的可能性；②未成熟的开发意味着尚未枯竭油气藏；③勘探有限意味着不了解盆地的地质和水文地质。当然，由于不能确定这些盆地中是否存在能源储备，因此直接在油气层中进行 CO_2 储存（包括 EOR 和永久储存）是不可行的。但是，由于这些盆地中仍然有可能存在深层盐碱含水层，只有在评估了详细的环境和经济因素之后，项目才能进行。对于具有较近地质历史和已知烃类潜力但仍在勘探和生产的盆地来说，碳氢化合物与 CO_2 有关的杂质的污染是主要问题，必须在技术部署之前加以解决。这也包括 CO_2–EOR 初始阶段。对于处于开发阶段或勘探资料有限的盆地，缺乏深部地下信息是储集场地评价的一个限制因素。尽管如此，三维地球物理和地球化学模型可以改善对这些盆地的有限认识。另外，成熟盆地的 CO_2 储存具有很高的适用性，原因有几个，包括地热系统、碳氢化合物储量和煤层的大量数据

盆地发育程度是应考虑的另一个重要因素，因为许多储层适合于油气藏的因素也使其适合于 CO_2 储存。还需要进行策略规划，以确保碳氢化合物提取作业和 CO_2 埋存作业不相互干扰。对于具有生烃潜力的勘探程度较高的盆地来说，岩石上存在重要信息，减少了地质不确定性。油 / 气的存在也使 CO_2–EOR/EGR 有了可能性，有助于降低 CO_2 埋存的成本。然而，潜在的数千口碳氢化合物井（有些可能有几十年的历史）的存在，可能增加长期储存的不确定性，因为与钻孔有关的 CO_2 泄漏的可能性更大。

5）经济、社会、环境问题

CO_2 地质埋存的经济考虑通常围绕现有或所需的基础设施，并取决于持续的气候变化政策。在成熟的陆相盆地，基础设施，如管道、井和道路可能已经

到位；在未成熟的盆地，基础设施可能缺失或非常有限。在近海盆地的主要挑战是，由于必须建设新的基础设施，包括长的管道路线，CO_2 的注入和埋存可能非常昂贵。因此，可以考虑征收特定的强制性碳税，例如针对特征、事件和过程的碳税。然而，重要的是，CO_2 埋存基础设施和监管模式的发展应反映预期并吸引政府的关注，同时不损害储存安全及其对环境的影响。实现这些关键目标对于储存经济学至关重要，因为能否实现大幅减少人为 CO_2 排放的技术部署在很大程度上取决于几十年的广泛投资。

许多适合进行 CO_2 埋存的沉积盆地都在发展中国家。在大多数发展中国家，发展目标的首要任务是提高人民的生活水平。这意味着，在地质中埋存 CO_2 在经济上可能更容易被发达国家接受，例如北美洲和欧洲。此外，城市和自然资源的分布，如煤炭和石油 / 天然气，是可以影响 CO_2 储存部署的环境监测因素。在大量耕种的地区开展埋存项目可能会带来诸如土地使用权和设施通行权等问题，这些都需要加以考虑。此外，CO_2 埋存可能会影响石油、天然气、金属和非金属等自然资源的质量。因此，就关注的协同性和冲突性问题而言，考虑初步的区域规划是很重要的。

综上所述，本节讨论了影响储存地点选择的相关因素。这些因素的组合决定了潜在储存地点的可行性。虽然在评价储存地点时需要考虑上述主要因素，但可能还有一些特定储存地点的其他方面。这些额外因素可以包括（但不限于）：未来可能扩展的地点的面积和性质；政治方面，例如未来区域发展计划的可能性；文化遗产方面，例如存在土著产权要求，一个人或一个群体可以声称他们根据传统习俗和法律在某一土地或地区拥有权利和利益。

6.3　面临的挑战

虽然目前的研究已经获得了 CO_2 埋存方面的诸多知识，但仍然存在许多挑战。

（1）尽管已经证明 CO_2 埋存在技术上是可行的，但公众意识较低，这极大地影响了技术部署的步伐。CO_2 埋存的意义需要进一步评价，应采取更有效的机制来促进公众对技术的接受。

（2）建立整个固碳链的成本曲线是非常重要的，例如 CO_2 源和埋存点之间的地理位置关系。

（3）详细的区域评估是确定排放源与合适的埋存点匹配程度以及所需储存量的关键因素。还有就是，评估与埋存相关的风险，例如 CO_2 泄漏和诱发地震，以及公众对该技术的接受程度，始终是很重要的。

（4）虽然存在 CO_2 埋存实施的法律和监管框架，但更重要的是在不同国家或地区的框架之间建立主观联系，如美国－加拿大和欧洲联盟、澳大利亚和亚洲。

（5）为了进一步开发和选择埋存地址，例如玄武岩储层，必须加强我们的了解，以区分潜在的不确定性，并探讨相应的缓解策略。包括存在潜在断层或过度压力情况下对 CO_2 迁移的了解，以及使用实验方法，特别是数值方法了解 CO_2－岩石相互作用对 CO_2 迁移的促进或阻碍作用。

（6）考虑到 CCUS 是一种短期气候变化缓解战略，在长期稳定或金融方面帮助工业界对于及时部署大规模商业性 CO_2 埋存项目至关重要。

（7）目前确定储层系统强度变化与富含盐水的 CO_2－岩石矿物的反应关系的数据有限，因此，需要进一步研究储层的粒度参数，以评估超临界 CO_2 的影响及其如何改变储层质量，（如孔隙度和渗透率），及其对 CO_2 迁移的相应影响。在这些研究中，考虑 CO_2 的杂质成分中诸如 NO_2、SO_2 和 H_2S 等的影响也很重要。

（8）能够描述储层在较长注入和埋存期间变化的数值模型也可用于了解 CO_2 和杂质对储层物性的长期影响。此外，这种数值模型可以与容积法结合，以进一步描述注入期间和之后估算容量。

（9）为了更好地评价断层和盖层的完整性，特别是在深部含盐层和枯竭油气层，需要建立和标定三维注气前和思维注气后的储层地质力学模型。这些模型应该考虑断层活化的临界孔隙压力。

（10）从长远来看，证明井眼密封的稳定性是非常有必要的，因为无论盖层的质量如何，井眼密封性失效都将造成 CO_2 的泄漏。因此需要说明在不大可能发生油井渗漏的情况下，有能力采取补救措施。

参考文献

[1] Akimoto K, Takagi M, Tomoda T. Economic evaluation of the geological storage of CO_2 considering the scale of economy [J]. International Journal of Greenhouse Gas Control, 2007,

1（2）：271–279.

［2］Alemu B, Aagaard P, Munz I, et al. Caprock interaction with CO_2 ：a laboratory study of reactivity of shale with supercritical CO_2 and brine［J］. Apply Geochemical. 2011, 26（12）：1975–1989.

［3］Amin D, Amin K, Khalil S. Modeling CO_2 wettability behavior at the interface of brine/CO_2/mineral：Application to CO_2 geo–sequestration［J］. Journal of Cleaner Production, 2019（239）：118101.

［4］Arif M, Al–Yaseri A, Barifcani A, et al. Impact of pressure and temperature on CO_2–brine–mica contact angles and CO_2–brine interfacial tension：implications for carbon geo–sequestration［J］. Journal of Colloid Interface Science, 2016（462）：208–215.

［5］Arif M, Lebedev M, Barifcani A, et al. CO_2 storage in carbonates：wettability of calcite［J］. International Journal of Greenhouse Gas Control, 2017（62）：113–121.

［6］Arif M, Barifcani A, Lebedev M, et al. CO_2–wettability of low to high rank coal seams：implications for carbon sequestration and enhanced methane recovery［J］. Fuel, 2016(181）：680–689.

［7］Arif M, Lebedev M, Barifcani A, et al. Influence of shale–total organic content on CO_2 geo–storage potential［J］. Geophysical Research Letters, 2017, 44（17）：8769–8775.

［8］Birch E. A review of "Climate Change 2014：Impacts, Adaptation, and Vulnerability" and "Climate Change 2014：Mitigation of Climate Change"［J］. Journal of the American Planning Association. 2014（80）：184–202.

［9］Busch A, Alles S, Gensterblum Y, et al. Carbon dioxide storage potential of shales［J］. International Journal of Greenhouse Gas Control, 2008, 2（3）：297–308.

［10］Burnside N, Naylor M. Review and implications of relative permeability of CO_2/brine systems and residual trapping of CO_2［J］. International Journal of Greenhouse Gas Control, 2014（23）：1–11.

［11］Castelletto N, Gambolati G, Teatini P. Geological CO_2 sequestration in multi–compartment reservoirs Geomechanical challenges［J］. Journal of Geophysical Research：Solid Earth, 2013, 118（5）：2417–2428.

［12］Catalin T, Opeyemi B. A review of cement testing apparatus and methods under CO_2 environment and their impact on well integrity prediction–Where do we stand?［J］. Journal of Petroleum Science and Engineering, 2020（187）：106736.

［13］Liu C, Sang S, Fan X, et al. Influences of pressures and temperatures on pore structures of different rank coals during CO_2 geological storage process［J］. Fuel, 2020（259）：116273.

［14］De Silva G, De Ranjith P, Perera M. Geochemical aspects of CO_2 seques tration in deep saline aquifers：A review［J］. Fuel, 2015（155）：128–143

[15] Gaus I, Azaroual M, Czernichowski L. Reactive transport modelling of the impact of CO_2 injection on the clayey cap rock at Sleipner (North Sea) [J]. Chemical Geology, 2005, 217 (3–4): 319–337.

[16] Godec M, Koperna G, Gale J. CO_2–ECBM: A review of its status and global potential [J]. Energy Procida, 2014 (63): 5858–5869.

[17] Li L, Zhao N, Wei W, et al. A review of research progress on CO_2 capture, storage, and utilization in Chinese Academy of Sciences [J]. Fuel, 2013 (108): 112–130.

[18] Liu F, Lu P, Griffith C, et al. CO_2–brine–caprockinteraction: reactivity experiments on Eau Claire shale and a review of relevant literature [J]. International Journal of Greenhouse Gas Control, 2012 (7): 153–167.

[19] Mohammed D. Aminua S, Christopher A, et al. A review of developments in carbon dioxide storage [J]. Applied Energy, 2017 (208): 1389–1419.

[20] Shukla R, Ranjith P, Haque A, et al. A review of studies on CO_2 sequestration and caprock integrity [J]. Fuel, 2010 (89): 2651–2664.

[21] Wang L, Shen Z, Hu L, et al. Modeling and measurement of CO_2 solubility in salty aqueous solutions and application in the Ordos Basin [J]. Fluid Phase Equilibrium. 2014 (377): 45–55.

[22] Xie J, Zhang K, Hu L,et al. Field–based simulation of a demonstration site for carbon dioxide sequestration in low–permeability saline aquifers in the Ordos Basin, China [J]. Hydrogeology Journal, 2015, 23 (7): 1465–1480.

[23] Zhang W, Wu S, Ren S, et al. The modeling and experimental studies on the diffusion coefficient of CO_2 in saline water [J]. Journal of CO_2 Utilization, 2015 (11): 49–53.

[24] Zou C, Yang Z, Tao S, et al. Continuous hydrocarbon accumulation over a large area as a distinguishing characteristic of unconventional petroleum: The Ordos Basin, North–Central China [J]. Earth–science Reviews, 2013, 126 (9): 358–369.

[25] 程一步，孟宪玲. 二氧化碳捕集、利用和封存技术应用现状及发展方向 [J]. 石油石化绿色低碳, 2014, 4 (5): 30–35.

[26] 段鹏飞. 河东煤田 CO_2 煤层地质封存条件及潜力评价 [J]. 中国煤炭地质, 2015, 27 (10): 1–5.

[27] 贺 敏，魏江生，石亮，等. 大兴安岭南段山杨径向生长和死亡对区域气候变化的响应 [J]. 生态学杂志, 2018, 37 (11): 3237–3244.

[28] 兰天庆，马媛媛，贡同，等. 超临界状态 CO_2 封存技术研究进展 [J]. 应用化工, 2019, 48 (6): 1451–1455.

[29] 刘烨. 二氧化碳封存储层影响因素分析 – 效果预测以及 4D 地震监测可行性分析 [D]. 西安. 西北大学, 2012.

[30] 孟庆亮 . 超临界二氧化碳在盐水层多孔介质条件下迁移的数值模拟研究 [D]. 合肥 . 中国科学技术大学，2014.

[31] 王秀宇，杨胜来，杨永忠，等. CO_2 封存和提高采收率过程中岩石与饱和水的 CO_2 反应研究 [J]. 钻采工艺，2015，38（3）：87-90.

[32] 吴倩 . 不确定性条件下的区域碳捕集与封存系统优化研究 [D]. 北京 . 华北电力大学，2014.

[33] 赵习森，杨 红，陈龙龙，等 . 延长油田化子坪油区长 6 油层 CO_2 驱油与封存潜力分析 [J]. 西安石油大学学报（自然科学版），2019，34（1）：62-67.

[34] 张哲伦 . 超临界二氧化碳地质封存机理实验研究 [D]. 西南石油大学，2016.

附图　研究区砂体剖面图

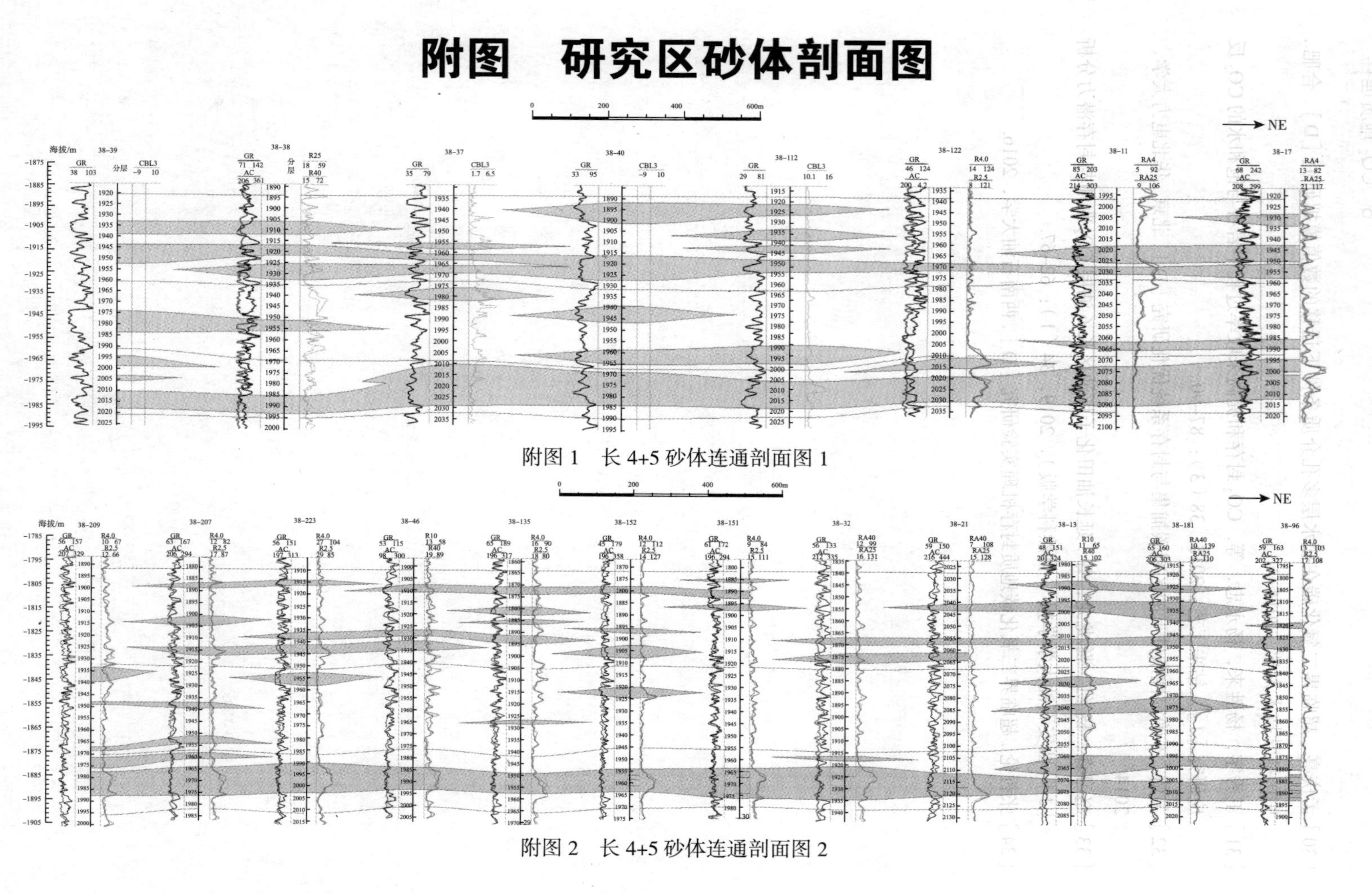

附图 1　长 4+5 砂体连通剖面图 1

附图 2　长 4+5 砂体连通剖面图 2